울릉도, 독도에서 만난 우리 바다생물

**과학으로 보는 바다 02**

## 울릉도, 독도에서 만난 우리 바다생물

**초판 1쇄 발행** | 2013년 5월 1일
**초판 2쇄 발행** | 2018년 8월 10일

**지은이** | 명정구 · 노현수
**펴낸이** | 이원중

**펴낸곳** | 지성사  **출판등록일** | 1993년 12월 9일  **등록번호** 제10-916호
**주소** | (03408) 서울시 은평구 진흥로 68(녹번동 162-34) 정안빌딩 2층(북측)
**전화** | (02) 335-5494  **팩스** | (02) 335-5496
**홈페이지** | 지성사.한국 / www.jisungsa.co.kr  **이메일** | jisungsa@hanmail.net

ⓒ 명정구 · 노현수, 2013

**ISBN** 978-89-7889-271-1 (04400)
　　　 978-89-7889-269-8 (세트)
잘못된 책은 바꾸어드립니다. 책값은 뒤표지에 있습니다.

〈과학으로 보는 바다〉 시리즈는
한국해양과학기술원의 주요 연구 사업에 대한 과학기술적 성과와 연구 과정을 담은 생생한 사진을
청소년은 물론 일반 독자들과 나누기 위하여 한국해양과학기술원에서 기획한 과학 교양도서입니다.
한국해양과학기술원 홈페이지 www.kiost.ac.kr

이 도서의 국립중앙도서관 출판예정도서목록(CIP)은 서지정보유통지원시스템 홈페이지(http://seoji.nl.go.kr)와
국가자료공동목록시스템(http://www.nl.go.kr/kolisnet)에서 이용하실 수 있습니다. (CIP제어번호:CIP2013003413)

울릉도, 독도에서 만난
우리 바다생물

명정구·노현수 지음

지성사

## 펴내면서

우리나라는 국토의 삼면이 바다로 둘러싸여 있고, 1만 킬로미터가 넘는 긴 해안선과 3000여 개의 많은 섬을 가지고 있다. 유난히 섬이 많은 황해나 남해와는 달리 거칠 것 없이 탁 트인 동해는 태평양으로 이어지는 넓고 깊은 바다로 작은 태평양이라고도 불린다. 동해는 오래전부터 풍경이 아름답고 해양생물 자원이 풍부한 황금어장이었다. 그 바다 한가운데 울릉도와 독도는 다정한 형제처럼 자리 잡고 있다. 울릉도와 독도는 차가운 바닷물과 따뜻한 바닷물이 만나는 곳으로, 해양 자원이 넉넉하고 종 다양성이 풍부한 보물과도 같은 섬이다. 형님 격인 울릉도와 아우 섬인 독도는 87.4킬로미터의 거리를 두고 마주 보고 있는데 날이 맑으면 서로의 모습을 확인할 수도 있다.

1950~1960년대부터 수산, 어업, 환경 등 다양한 분야에서 독도를 포함한 이 해역에 대한 연구가 꾸준히 이루어져 왔지만, 해양과 관련된 장기적이고 체계적인 자료 축적은 최근에야 활발해졌다. 이곳에 서식하는 생물뿐 아니라 대부분의 해양생물은 환경 변화나 인간의 활동에 영향을 받게 된다. 예전에는 이 해역에 서식하거나 크게 번성했던 생물이 사라지는 일도 종종 일어나는데, 1960년대까지 독도에 살았던 바다사자를 이제 더

이상 이곳에서 만날 수 없게 된 것도 그중 하나이다. 지금부터라도 울릉도, 독도 연안의 생태를 잘 보존하고 가꾸다 보면 언젠가 그들이 다시 우리 곁으로 돌아올지도 모르지만, 한번 파괴된 환경과 자취를 감춘 생물 종을 복원시키고 되돌리는 데에는 많은 시간과 노력이 필요하다. 돌이킬 수 없는 지경까지 환경이 파괴되는 것을 막기 위해서는 우리가 좀 더 이들 섬과 해역에 대한 관심을 기울여야 할 때이다.

이 책은 그동안 울릉도, 독도 연안과 해역에서 이루어진 크고 작은 연구 사업으로 모인 자료들을 바탕으로 독자들에게 이곳의 생태 가치를 알리고자 기획되었다. 울릉도, 독도 연안에서의 생태 연구는 완결된 것이 아니라 지금도 진행 중이지만, 우리가 함께 가꾸고 보전해야 할 이들 섬 연안의 바닷속 가치를 이해하는 것이 무엇보다도 선행되어야 한다는 생각에 이 책을 먼저 펴내게 되었다.

울릉도, 독도는 최근 진행되고 있는 '수중 경관 지구 발굴 및 모니터링', '독도의 지속 가능한 이용 관리 연구 사업' 등에서도 엿볼 수 있듯이 생물 종 다양성이 높고 수중 경관이 뛰어나 보존 가치가 크며, 수온과 같은 환경 변화에 따른 해양생물의 생태 변화 등을 관찰할 수 있어서 여러 가지 과학 조사가 장기적

으로 이루어지고 있다. 특히 독도를 포함한 주변 해역은 인간의 간섭이 덜 한 곳이라 과학자들의 큰 관심을 받는 지역으로 동해 환경 전체의 변화를 모니터링하기에도 적합하다. 다만 그동안은 연구와 조사가 독도를 중심으로 이루어졌다면 지금부터는 울릉도는 물론이고 두 섬에 닿는 난류의 기원을 따라 남해안의 외곽 도서 그리고 제주도 연안 생태와의 비교까지 그 범위를 넓혀가야 할 것이다. 더불어 우리 바다에 대한 종합적인 분석과 과학적 자료 축적 그리고 장기적인 관리 방안을 제시하기 위한 표준화된 조사 방안도 마련되어야 한다. 이러한 관점에서 이 책은 지금까지 이 해역에서 이루어졌던 연구 성과를 정리해 소개하는 동시에 앞으로 진행해야 할 과제들에 해법을 제시하는 좋은 교과서가 되리라 자부한다.

그동안 어려운 여건 속에서도 울릉도, 독도 관련 사업의 목표 달성을 위하여 희생을 감수하면서까지 적극적으로 연구에 참가해 주신 각 분야의 전문가 선생님들께 이 자리를 빌려 감사의 뜻을 전한다. 한때는 같은 목적으로 한배를 타고 독도 수중 조사에 열정을 불살랐으나 먼 남쪽 바다에서 유명을 달리한 김억수 님께는 깊은 조의를 표한다. 1990년대부터 본격적인 해양조사를 위해 늘 함께해 준 한국해양과학기술원의 이 분야 전문가들과 여러 대학의 교수님들, 그리고 한국수중과학회 회원들께도 감사를 드린다. 귀한 사진을 제공해 주신 울릉군청에도 고마움을 전한다.

명정구 · 노현수

## 차례

펴내면서

- **01**
  멀고도 가까운 섬, 울릉도와 독도  10

- **02**
  울릉도·독도 바다의 새로운 발견  26

- **03**
  울릉도·독도의 10대 수중 경관  54

- **04**
  울릉도·독도의 생물들  96

- **05**
  절제된 개발과 이용 그리고 생태 보존 프로그램  116

# 01
# 멀고도 가까운 섬, 울릉도와 독도

서해나 남해와는 달리 섬이 귀한 동해 한가운데에는 우리나라 사람들이 좋아하는 두 개의 섬이 떠 있다. 경관이 아름답기로 소문난 울릉도와, 우리 민족의 사랑과 염원이 서려 있는 독도가 그 주인공이다. 최근에는 관광선이 운행되고 있어 그 어느 때보다 가까워진 독도이지만, 여전히 접근하기가 쉽지는 않다. 비록 물리적인 거리는 멀다고 해도 울릉도와 함께 우리 가슴을 뛰게 하는 민족의 섬임에는 틀림없다.

국토의 동쪽 끝에 자리 잡고 있어 우리나라에서 가장 먼저 해가 뜨는 곳, 독도와 울릉도에 대해 얼마나 알고 있을까, 또 연구는 어느 정도나 되어 있는 것일까? '아는 만큼 보이고 보이는 만큼 사랑한다'는 말이 있다. 지금부터 울릉도와 독도를 알아가기 위해 동해의 푸른 바다 밑, 수중 세계로 들어가 보자.

▶▶ 독도의 일출

ⓒ 울릉군청

▶▶ 하늘에서 내려다본 독도(왼쪽)와 울릉도(오른쪽)

## 가장 가보고 싶은 섬, 울릉도

동해 한가운데에 우뚝 솟아 있는 화산섬 울릉도는 물과 공기가 맑고 깨끗하기로 유명하다. 섬 자체의 풍광만큼이나 수중 세계의 아름다움도 자랑하며, 우리나라 연안 가운데 수심이 가장 깊은 곳 중의 하나로 꼽힌다. 섬과 연안 바다의 신비한 아름다움은 관광객은 물론 연구자들의 눈과 발길을 사로잡기에 충분하다.

▶▶ 울릉도 바닷속_ 바위 아래의 산호와 유유히 헤엄치는 물고기 떼가 잘 어울려 지낸다.

울릉도의 행정 구역은 경상북도 울릉군이며, 북위 37도 29분, 동경 130도 54분에 위치하고 면적은 72.56제곱킬로미터, 인구는 1만여 명이 살고 있다. 누군가 우리나라에서 가장 맑은 바다를 소개해 달라고 하면 나는 서슴지 않고 울릉도와 독도에 가 보라고 한다. 육지에서 130여 킬로미터나 떨어져 동해 한가운데 고독하게 떠 있는 울릉도, 독도의 연안 바다는 누가 뭐라 해도 우리나라에서 가장 푸르고 투명한 바다이기 때문이다. 울릉도 경치의 아름다움은 바다 위와 아래를 구분하지 않는다. 깊고 푸른 바다를 따라 섬 주변에서는 죽도, 관음암, 삼선암, 공암, 대풍령 같은 파도와 섬이 만든 울릉도만의 독특한 자연을 만날 수 있다.

▶▶ 수중에서 올려다본 울릉도, 독도의 맑고 투명한 바다

▶▶ 맑은 바닷속이 훤히 들여다보이는 울릉도 바다 위로 갈매기들이 한가롭다.

▶▶ 울릉도 주변의 섬_ (왼쪽부터 시계 방향으로) 삼선암, 죽도, 공암, 대풍령, 관음도

육지로부터 멀리 떨어져 있으며 화산섬이라 평지가 드물고 가파른 절벽이 발달한 울릉도는 육지와는 다른 독특한 생태계를 형성하고 있어 명물 특산물이 많다. 바다와 잇닿은 절벽에는 늙은 향나무가 붙어 자라고, 성인봉으로 오르는 길은 짙푸른 숲을 이루고 있다. 산속에는 '멍이'라고도 불리는 '산마늘'이 자라고, 청정 지역에서 키운 영양 많고 맛있는 쇠고기를 만날 수 있다.

초여름부터 초겨울까지 동해의 밤바다를 밝히는 오징어 배도 울릉도의 명물 가운데 하나이다. 오징어 말고도 바다에서 건져 올리는 해산물이 풍부한 것은 두말할 것도 없다. 따개비밥(실은 삿갓고둥)과 홍합밥은 미식가들의 입맛을 사로잡고, 울릉도를 찾은 관광객들은 싱싱한 오징어, 방어, 부시리, 홍합, 소라 등에서 눈을 떼지 못한다.

풍성하고 신선한 먹거리, 깎아지른 절벽과 바다가 만들어 내는 아름다운 풍광을 감상하며 걸을 수 있는 해변의 산책로, 독특한 환경 등을 가진 섬, 울릉도는 우리나라 사람들이 가장 가보고 싶어 하는 곳으로 꼽는 섬이다.

▶▶ 울릉도 해안에는 깎아지른 절벽 아래 산책로가 잘 다듬어져 있다.

# 가장 먼저 해가 뜨는 곳, 독도

울릉도 꽁무니를 따르는 아우 섬 격인 독도는, 우리나라에서 가장 동쪽에 있는 작은 섬으로 동도와 서도로 나뉜다. 동도는 북위 37도 14분 26.8초, 동경 131도 52분 10.4초에, 서도는 북위 37도 14분 30.6초, 동경 131도 51분 54.6초에 자리 잡고 있다. 높이는 서도가 168.5미터, 동도가 98.6미터로 서도가 좀 더 높다. 크게는 동도와 서도로 나누어져 있지만, 주위에 크고 작은 암초가 많아 모두 89개의 부속 섬을 가지고 있다. 독도에서 가장 가까운 육지는 경상북도 울진군 죽변으로 216.8킬로미터 떨어져 있다. 독도는 누구나 알고 있듯이 우리나라 동쪽 맨 가장자리에 있어서 우리나라에서 가장 먼저 해가 뜨고, 가장 먼저 아침을 여는 우리 땅이다.

▶▶ 독도의 아침_ 서도 탕건바위와 뒤편 동도가 독도 바다의 아침을 지킨다.

▶▶ 독도의 물 밑 세상은 마치 사람의 발길이 닿지 않은 이름 모를 골짜기에 처음 발을 들여놓는 듯한 분위기를 자아낸다.

오랫동안 이웃나라의 억지 주장으로 갖은 부대낌을 당하고 있지만, 크고 작은 암초와 부속 섬을 거느리고 굳건히 동해를 지키는 돌섬이다. 이들 부속 암초 덕분에 독도 바다 밑은 여러 생물의 다양한 서식처와 아름다운 경관을 가지고 있다. 앞으로 지속적인 연구와 조사로 이곳의 경이로움을 하나둘 밝혀 나가게 될 것이다.

▶▶ 맑은 바다, 대황과 감태 숲, 물고기들이 어우러진 독도의 바닷속은 스쿠버다이버들이 최고로 꼽는 산책 코스이다.

ⓒ 조경희

# 02
# 울릉도·독도 바다의 새로운 발견

▶▶ 울릉도 연안의 화려한 수중 세계를 대변하는 부채뿔산호와 물고기

# 동해 중심의 해양 터미널

1990년대 중반부터 이루어진 우리나라 연안 생태 연구들을 종합해 보면 울릉도와 독도는, 남쪽에서 올라오는 난류와 북쪽에서 내려오는 한류가 만나는 해역으로 이들 해류를 따라 이동하거나 회유하는 다양한 해양생물들이 만나 독특한 생물상<sub>같은 환경이나 일정한 지역 안에 분포하는 생물의 모든 종류</sub>을 보이는 동해의 터미널 같은 곳이다. 한류와 난류가 만나는 경계 해역인 울릉도, 독도는 차가운 물을 좋아하는 생물이든 따뜻한 물을 좋아하는 생물이든 모두 머무를 수 있어 종 다양성이 풍부하다. 주변 환경도 비교적 잘 보존되어 있어서 해양생물의 서식처 환경이 좋을 뿐 아니라 사계절이 뚜렷해 계절 변화에 따라 좀 더 풍성한 생물 종을 볼 수 있다.

울릉도, 독도 주변 해역의 생태 자원학적 조사는 연안 부착생물, 플랑크톤 같은 해양생물군을 대상으로 이루어져 왔고, 연안 수중 생태 조사는 다양한 형태의 암반 생태는 물론이고 어류를 포함한 수산 자원에 대한 조사까지 진행하고 있다. 2005년도부터는 한국해양과학기술원에 설치된 독도연구사업단에서 매년 독도 연안에 대한 생태 조사를 실시하여 생태 지도를 작성하는 등 다양한 경로로 울릉도, 독도 연안의 생태학적 기초 자료들을 축적해 가고 있다. 나아가 울릉도와 독도의 수중 생물상과 제주도 생물상을 비교 분석해 유사성과 차이점을 밝히는 등 이들 두 지역에서 어류, 부착생물, 플랑크톤과 같은 다양한 생물상 연구를 진행하고 있다.

▶▶ 우리나라 주변 해류도

▶▶ 탐사대원이 독도 연안의 직벽에서 생태 조사를 하고 있다.

# 다양한 해양생물들

1997년부터 2011년까지 이루어진 수중 생태 조사 내용을 바탕으로 울릉도와 독도 연안에 서식하는 다양한 생물군과 해양생물 자원을 정리하였다.

▶▶ 독도의 동도와 서도 사이 얕은 수심대에는 괭생이모자반, 미역, 감태 등 해조류가 무성하다.

## + 해조류

우리나라에는 800여 종의 해조류가 서식하며 이들은 색에 따라 크게 녹조류, 갈조류, 홍조류로 구분한다. 울릉도 연안에서 확인된 해조류는 총 107종으로 녹조류 19종, 갈조류 51종, 홍조류 37종이다. 바다 깊이에 따라 어떤 해조류가 살고 있는지를 살펴보면 바다 밑 수심 4~5미터까지는 괭생이모자반을 포함한 모자반류, 미역, 대황, 감태 등이 무성하고, 그 아래로 옥덩굴, 참그물바탕말, 개그물바탕말, 게발류를 포함한 홍조류 등이 암반 기질을 덮고 있다. 모자반류는 수심 15~16미터 깊이에서도 볼 수 있다. 수심이 깊어질수록 홍조류인 바다표고, 게발, 혹돌잎 등이 많아지고, 수심 20미터 이하로 내려가면 대형 조류는 줄어드는 대신 크기가 작은 홍조류와 갈조류가 늘어난다. 갈조류인 감태는 수심 25미터 부근에서도 숲을 이룬다.

독도 연안의 해조상은 동해 연안보다는 남해안과 닮아 있다. 그러나 남해안과 비슷하다고는 해도 남해안이나 제주도와는 구별되는 독도 연안만의 독특한 특성을 보인다. 조사 시기나 방법에 따라 약간의 차이는 보이지만 2011년 현재 독도 연안에 서식하는 해조류로는 대황, 감태, 미역 등

▶▶ 괭생이모자반, 미역, 감태 등으로 무성한 겨울철 독도 연안

▶▶ 수온이 올라가면 해조류가 녹아내리기도 하는데 한여름 동도와 서도 사이에 자라던 미역이 엽체는 녹아 없어지고 줄기의 일부만 남았다.

대형 갈조류를 포함하여 총 223종이 알려져 있다. 그중 먹을 수 있는 것은 10여 종이며, 대형 갈조류를 제외한 종들은 특정 지역에 모여 있다. 경사가 수직에 가까운 직벽 지형이 많고 밀물과 썰물에 의한 조석 차이가 작은 독도의 지형 특성상 조간대(밀물 때의 가장 높은 해수면 높이와 썰물 때 가장 낮은 해수면 높이 사이)에 해조류가 발달하기는 어렵다. 하지만 동도와 서도 사이의 바다는 좁고 수심이 얕아 연안의 특성을 보이기 때문에 이 지역에서 다양한 해조류를 만날 수 있다. 평평한 암반으로 된 서도에는 웅덩이가 많아 여름과 가을에 파래류와 갈파래류 같은 녹조류가 번성하고, 겨울철에는 김류와 김파래 등 홍조류가 많이 자란다. 경사가 급한 연안에는 산호말류, 서실류, 게발류 같은 홍조류가 우위를 점하고 있다.

독도의 조간대에서는 겨울철부터 봄까지 긴잎돌김, 김파래, 개서실 등이 많이 자라 동해의 중부 연안과 비슷한 해조상을 보인다. 그러나 수심이 깊어질수록 대형 갈조류와 비단풀과 같은 홍조류가 늘어 남해나 제주도 연안과 유사한 특성을 보인다.

울릉도와 독도 연안에서 만날 수 있는 가장 특징적인 해조류는 조하대에 군락을 이루는 대황과 감태를 꼽을 수 있다. 보통 난류성 해조류인 대황과 감태는 지역에 따라 분포 양상이 다른데, 대황이 감태보다 깊은 수심대에 군락을 이룬다고 알려져 왔다. 그러나 울릉도와 독도 바다에서는 감태와 대황의 분포 수심과 숲을 이루는 양상이 장소에 따라 다르게 나타나고 있어서, 이들 두 종 모두 울릉도나 독도에서는 일정한 패턴을 가진다고 하기가 어렵다.

▶▶ 울릉도, 독도 연안에 넓게 펼쳐진 감태 숲은 난류의 영향을 받는 제주도나 남해안 외곽 도서에서 볼 수 있는 전형적인 경관이다.

▶▶ 울릉도·독도에서만 숲을 이루는 대황은 맑은 동해와 잘 어울리는 해조류이다.

▶▶ 독도 가제바위 근처의 무성한 감태 숲(위)과 바위에 붙어 막 성장을 시작한 어린 감태(아래)

## 대황 *Eisenia bicyclis*과 감태 *Ecklonia cava*의 형태 차이

울릉도와 독도 바다에서 숲을 이루는 감태와 대황은 대형 갈조류로 모양이 유사하다. 감태와 대황을 구분하는 가장 큰 특징은 엽체와 연결되는 줄기부의 형태이다. 감태는 일자형 줄기부를 갖는 데 비해 대황은 V자형으로 갈라진 줄기부에 엽체가 발달하여 차이를 보인다.

▶▶ 물속에서 대황과 감태는 매우 비슷해 보이는데 줄기부와 엽체의 연결 부위가 대황은 V자 모양이고 감태는 갈라지지 않고 일자로 뻗어 차이가 난다.

대황

감태

+ 무척추동물

무척추동물은 몸에 척추를 가지지 않는 동물군을 말한다. 즉, 등뼈가 있는 척추동물을 제외한 동물 무리로서 척색동물 가운데 두색과 미색 동물 무리를 포함하여 조개, 지렁이, 문어 등 30여 개의 큰 무리를 포함하는 동물군이다. 지구상에 알려진 120만 종의 동물 중에서 약 96퍼센트가 무척추동물이고, 이 중에서 곤충을 제외한 나머지의 2/3가 바다에 살고 있다. 무척추동물은 형태가 매우 다양하다. 그에 따라 서식하는 환경이나 생태도 다양하여 바위에 붙어 사는 것, 굴속에 숨어 사는 것, 모래나 뻘에 구멍을 뚫거나 파고 들어가 사는 것 등 어떠한 연안 생태 환경에서든 만날 수 있다. 무척추동물은 바닷속 수심 또는 조간대 높이에 따라 독특한 수직 분포를 보인다. 일반적으로 다른 생물 종이 수심 환경에 맞게 띠를 이루어 분포하는 모습을 대상분포$^{zonation}$라고 한다.

1980~1990년대 울릉도 연안에서 이루어진 무척추동물 조사에서 환형동물 24과 70종, 절지동물 48과 107종, 극피동물 10과 15종 등을 포함하여 총 82과 192종이 보고되었다. 독도 연안에는 1970~1980년대에 실시된 조사 보고서에 다모류 32종, 집게류 6종, 연체동물 64종이 서식한다고 되어 있으며, 1990년대에는 현장 조사 자료가 축적되면서 연체동물 40종, 환형동물의 갯지렁이류$^{Polychata}$ 56종, 절지동물의 갑각류$^{Crustacea}$ 55종, 극피동물$^{Echinodermata}$ 6종을 포함해 무척추동물 총 157종의 서식이 확인되었다. 2006년도에는 해면동물, 환형동물, 연체동물 등의 분류군에서 정밀 조사가 이루어져 총 102과 230종으로 늘어났다.

울릉도와 독도 연안의 무척추동물 조사 결과를 보면 이곳에는 한대성 종과 온대성 종이 섞여 살고 있는 것으로 나타났다. 수많은 분류군을 포함하는 무척추동물은 지금도 매년 조사할 때마다 미기록종이 발견되고 있어서 앞으로도 새로운 종이 추가 발견될 것으로 추정된다.

▶▶ 독도에 많은 무척추동물
1 조간대에 사는 좁쌀무늬총알고둥 2 검은큰따개비 3 거북손 4 보라성게와 소라
5 작은물개바위 부근 수심 4~5미터에서 발견한 홍합 군락 6 바위틈에 숨은 문어
7 바위틈의 소라 8 윤곽이 둥근 독도의 왕전복 9 붉은색을 띠는 독도의 해삼

울릉도 연안에서는 서식처의 환경 특성이나 사람의 간섭 여부에 따라 무척추동물의 다양성과 분포 양상이 다르게 나타났다. 조사 당시 통구미에서 가장 높은 다양성을 보였으며, 사람의 흔적이 적었던 태하 연안에서는 미기록종이 가장 많이 발견되었다.

울릉도, 독도 연안의 조간대에 서식하는 무척추동물은 종과 개체 수가 적은 편이고, 바다 밑 수심 2미터 이하로 내려가야 다양한 종이 발견된다. 그러나 수심이 더 깊어지면 종의 수는 다시 줄어든다. 이렇듯 무척추동물은 바닷속 수심에 따라 분포하는 종이 달라지는 독특한 수직 분포를 나타냈다. 해조류와 마찬가지로 군집도 조사 위치에 따라 약간의 차이를 보인다.

울릉도, 독도 조간대에 사는 무척추동물의 분포를 세분해서 살펴보면 조간대에 좁쌀무늬총알고둥, 조무래기따개비, 검은큰따개비, 거북손이 서식하고 조하대에는 수심층에 따라 가장 위쪽에 보라성게, 홍합 등이 분포하고 그 아래에 산호나 갯지렁이, 성게, 해삼 외에 단단한 껍질을 가진 소라 등이 서식한다.

● 독도 바위 해안에 서식하는 해조류와 저서동물 중 주요 우점종의 수직 분포

| | 해조류 | | 저서동물 |
|---|---|---|---|
| 6m — 4m — | | | 좁쌀무늬총알고둥 조무래기따개비 |
| 2m — | 산호말 | | 조무래기따개비 거북손 검은큰따개비 |
| 0m — (해수면) | 개서실 산호말 명주지누아리 애기외톨개모자반 | 파래류 갈파래류 | 거북손 검은큰따개비 홍합 (단각류, 등각류, 다모류) |
| -5m — | 명주지누아리 우뭇가사리 대황 아페드라게발 감태 | | 홍합 뱀고둥류 보라성게 따개비류 산호층류 (단각류, 등각류, 다모류) |
| -10m — -5m — -20m — | 감태 개우무류 분홍딱지 사슬풀류 | | 따개비류 산호충을 포함하는 껍질을 가진 동물들 (단각류, 등각류, 다모류) |

(Je et al., 2003)

▶▶ 독도 연안에 풍부한 소라와 홍삼을 계측하기 위하여 채취해 올렸다.

독도에 서식하는 무척추동물 가운데 사람들이 즐겨 먹는 종으로는 문어, 소라, 전복, 해삼 등이 있다. 1997년과 1999년 수중 조사 때만 해도 전복은 이미 집중적으로 채취된 흔적을 보였지만 소라와 해삼은 비교적 보존이 잘 되고 있었다. 그러나 2000년대 말 조사 때에는 소라와 해삼(붉은색돌기해삼)도 크게 감소한 것으로 나타났다. 좀 더 체계적인 자원 관리가 이루어져야 할 필요성을 확인할 수 있었다. 독도에 가장 많은 수산 무척추동물은 소라이다. 주로 수심 15미터 이하에서 발견되고 수심이 얕은 지역에서는 크기가 작은 새끼들을 볼 수 있다. 주로 바위틈에서 관찰되는 다른 지역에 비해 감태 등 대형 갈조류의 뿌리 부근에서 발견되는 독도 소라는 밋밋한 바위 위에서 볼 수 있는 것이 특징이다. 독도 연안에는 전복과 대왕전복이 함께 서식하는데 그 개체 수는 적은 편이다. 전복은 사람들이 새끼를 방류했음에도 수중 조사를 할 때 가끔 만나는 정도였다. 문어는 대형 문어를 많이 관찰할 수 있는데 아직 정확한 크기와 자원량을 추정하지는 못하고 있다.

그 외 매끈이고둥은 제주 지역, 남해, 동해 남부 해역 등의 수심 20미터 내외에 서식하는 고둥류이다. 바둑알 같은 알을 바위에 낳아 붙이는 매끈이고둥은 주로 암반과 퇴적물이 만나는 전이 지대에 서식한다.

▶▶ 매끈이고둥(왼쪽)과 바위에 붙은 알(오른쪽)

+ 어류

울릉도의 어류 조사는 1992년에 하천과 연안에서 이루어진 적이 있다. 당시 하천에서는 은어와 밀어 2종을 포함하여 총 32과 49종이 서식하는 것으로 확인되었다. 2009년 실시된 수중 생태, 경관 조사에서는 잠수를 통한 정밀 조사 결과, 울릉도 연안에 59종의 물고기가 확인되었다. 동해안에 450여 종이 서식하는 것으로 밝혀진 것에 비해 종의 숫자가 적었던 것은, 두 차례에 걸친 조사가 울릉도 연안으로 한정되었고 조사 방법도 낚시, 족대, 투망 등 소형 채집 기구를 사용했으며 잠수 조사에서도 육안 관찰만 했기 때문이다. 비록 종의 수는 적어도 동한난류를 따라 북상하는 파랑돔, 나가사끼자리돔, 줄도화돔 등이 발견되어 울릉도 어종의 다양성과 특성을 파악하는 데는 무리가 없었다. 울릉도 연안에서 발견된 어종의 구성은 독도와 비슷하다. 즉, 수온이 높은 여름철에는 제주도나 남해안에서 흔히 볼 수 있는 열대어종인 줄도화돔, 파랑돔 외에 돌돔, 방어, 잿방어, 벤자리 등을 만날 수 있고 겨울철에는 이들 종은 자취를 감추는 대신 자리돔, 인상어, 쥐노래미 등 비교적 차가운 온대 바다에 적응한 종들이 관찰된다.

▶▶ 독도 탐사는 해양생물 분류군별 전문가들이 짝을 지어 표본 채취, 수중 노트, 사진 및 영상물 제작 등 여러 가지 활동이 동시에 이루어진다.

▶▶ 마치 육상에서 활동하듯 독도 바닷속 모래 위를 걸어다니며 어류 조사를 하고 있는 필자 명정구

1990년대 중반 이후 독도 연안에 서식하는 것으로 확인된 물고기는 총 109종이다. 이 조사도 독도 연안에서만 이루어진 잠수 조사였으나, 일부는 자망이나 통발과 같은 어구를 사용, 포획하여 얻은 결과를 통합한 것이다. 이때 잠수 조사로 확인된 울릉도, 독도 연안의 어종이 약 1000여 종의 서식이 확인된 우리나라 연안이나 동해 전체의 어류상을 대표한다고 할 수는 없지만, 독도 연안의 물속 세계를 이해하고 어종 특성을 확인하는 데 중요한 자료가 되었다. 여름철에 찾아오는 열대 어종부터 깊은 수심대의 냉수성 어종까지 그 분포가 매우 다양하다는 것은 알 수 있었다.

독도 연안은 여름철에는 동한난류의 영향으로 수온이 높지만 겨울철에는 섭씨 8~10도 전후로 낮아져, 자리돔처럼 제주도 남해안 외각 도서의 연안에 서식하는 난류성 어종과 차가운 겨울철 연안 환경에서도 잘 견디는 인상어 같은 어종이 함께 생활하는 모습을 볼 수 있다. 독도 연안의 서식 어종에 대한 자료는 1950년대부터 국립수산진흥원에서 부정기적으로 실시하는 어업 활동 및 수산 자원 현황 조사 결과를 통해 부분적으로나마 확보할 수 있는데 당시의 조사는 대부분 자망, 통발과 같은 일반 어구를 사용하여 이루어졌다.

▶▶ 독도에서는 난류 수역의 대표 어종인 자리돔과 동해나 남해안의 추운 겨울에 서식하는 인상어가 함께 유영하는 모습을 볼 수 있다.

1997년부터는 연안 생태 정밀 조사를 위하여 잠수 조사를 병행해 왔다. 잠수 조사로 독도 연안에 서식하는 것으로 확인된 물고기는 58종이었고, 그 후 2008년 10월까지 19종이 더 추가되어 잠수 조사에 의해 총 77종을 확인하였다. 1999년 5월 봄 조사에서는 독도 주변 해역의 수온(섭씨 15~16도 범위)과 총 15과 30종의 물고기를 확인하였다. 이는 1997년 10월의 조사 결과인 25과 58종에 거의 절반 수준이었다. 가을철에는 자리돔 외에 제주도 해역에서 만날 수 있는 줄도화돔이나 세줄얼게비늘, 일곱줄얼게비늘과 같은 동갈돔류를 비롯하여 파랑돔 같은 열대 어종들도 만날 수 있는 데 비해 봄에는 이 중 자리돔만이 발견되었다. 대신 남해안에서 흔히 만날 수 있는 자리돔, 망상어, 인상어와 같은 어종이 큰 무리를 지어 나타난다.

▶▶ 독도의 가을 바다에서 만나는 어종
1 자리돔_ 독도 연안의 자리돔 떼는 이곳이 난류의 영향을 받는 곳임을 알려 준다.

3 일곱줄얼게비늘

2 줄도화돔

4 파랑돔_ 여름이면 울릉도, 독도 연안에서 흔히 만날 수 있는 파랑돔은 제주도보다 더 많은 개체 수의 무리를 만날 때도 있다.

봄과 가을에 관찰되는 물고기 종류가 상당한 차이를 보이는 것은 여름철에 독도 연안까지 올라왔던 열대, 아열대성 어종 가운데 거의 대부분이 겨울철 저수온기에는 자취를 감추기 때문이다. 봄철 조사에서는 수중 동굴이나 바위틈에 숨어 있던 조피볼락, 누루시볼락, 혹돔과 몸길이가 30센티미터 전후인 대형 볼락도 만날 수 있었다. 이같이 울릉도, 독도 연안은 난류와 한류가 교차하면서 수온 환경이 계절에 따라 변하기 때문에 서식하는 물고기들의 구성도 크게 바뀌는 것을 볼 수 있다.

▶▶ 독도의 봄 바다에서 만나는 어종_ 자리돔, 망상어, 인상어, 어린 혹돔

1998년 독도에서 청황베도라치와 다섯줄얼게비늘이 미기록종으로 보고되었고, 2008년 가을 조사에서는 우리나라에 서식 기록이 없었던 미기록 어종(자리돔류) 1종을 발견하였다. 최근 지구 온난화의 영향으로 우리나라 주변 해역의 수온도 올라가고 있다. 이는 앞으로 더 많은 열대, 아열대성 물고기가 우리 해역에서 발견될 것이란 예상을 하게 한다. 독도는 동해, 남해, 제주도 해역과는 또 다른 독특한 바다생물 생태계를 꾸리고 있어 학문적 연구의 여지가 큰 중요한 해역이다.

▶▶ 미기록종 자리돔(*Chromis margaritifer*)으로 몸길이는 3.5센티미터이다.

+ 해양 포유류

▶▶ 동해를 누비는 짧은부리참돌고래 떼

독도에는 1950년대까지 '강치'라고 불리는 물개과의 바다사자가 살고 있었다. 독도에서 새끼를 낳고 무리를 이뤄 살았지만 1970년대 이후 동해안에서 자취를 감추면서 멸종된 것으로 알려졌다. 바다사자 외에 물개는 2009년도에 독도에서 목격된 적이 있으며 밍크고래, 낫돌고래, 돌고래는 동해에서 서식하고 있다.

## 다른 해역과의 비교

동해는 남해안을 통과하는 쓰시마 난류에서 갈라져 동해안을 따라 북상하는 동한난류와 북쪽에서 내려오는 북한한류가 중부 앞바다에서 부딪혀 울릉도, 독도 쪽으로 꺾여 동쪽으로 흐르게 된다. 이러한 해류의 영향 때문에 울릉도, 독도 연안은 동해안의 중부 해역임에도 여름과 가을철 고수온기에는 제주도나 남해에서 서식하는 열대, 아열대성 해양생물을 만날 수 있다. 고수온기에 출현하는 물고기들을 남해안이나 제주도 연안에 사는 종들과 비교해 보면 울릉도와 독도는 동해 연안보다는 남해 쪽에서 올라오는 난류의 영향을 더 많이 받는 것을 알 수 있다. 독도 연안에 파랑돔, 줄도화돔 등이 대량으로 출현하는 시기의 물고기 종 구성을 제주도 연안과 비교한 그림을 보면, 제주도 남부 해역에는 열대 어종이 63.8퍼센트, 아열대 어종이 20.5퍼센트로 이들이 전체의 84.3퍼센트를 차지하는 것에 비해 독도 주변은 열대 어종이 37.8퍼센트, 아열대 어종이 22퍼센트이고 온대 어종도 40.2퍼센트나 되었다. 쿠로시오 난류의 영향을 직접 받는 제주도 남쪽 연안의 온대 어종 비율이 15.7퍼센트인 데 비해 독도 연안은 40.2퍼센트로 제주도의 약 3배이다. 이는 독도 연안이 난류의 영향을 받아 고수온기에는 집중적으로 열대, 아열대 어종들이 출현하지만 섭씨 10도 이하로 내려가는 겨울철 저수온 환경도 있기 때문이다. 차가운 한류와 북서풍의 영향으로 겨울철 표층 수온이 제주도보다 6~7도 정도 낮아서 이러한 환경에 잘 견디는 온대성 어종이 제주도보다 3배 가까이 서식하는 것이다.

물고기 외에 감태와 소라는 제주도와 독도 연안에서 모두 볼 수 있지만, 오분자기는 제주도, 대황은 독도에서만 관찰된다. 이 역시 겨울철 바다의 수온이 제주도는 섭씨 14~15도를 유지하는데 독도는 섭씨 10도 전후로 내려가는 것에 원인이 있다.

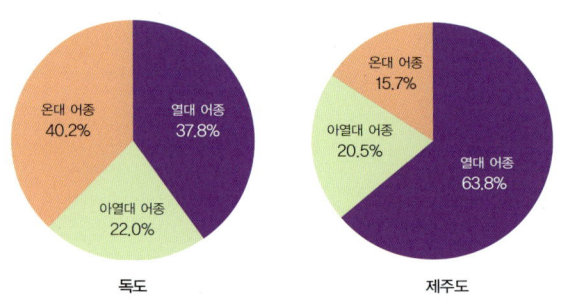

독도와 제주도의 어종 구성 비교
(어종의 생태 구분은 www.fishbase.org에 따름)

지난 10여 년 동안의 독도 연안 조사를 종합해 보면 독도 주변에 나타나는 열대, 아열대성 종들은 최소한 겨울 바다의 수온이 평균 섭씨 15~18도를 유지해야 서식할 수 있다. 수온이 이 범위를 유지하는 시기에 정밀 조사를 하면 제주도나 남해안에서 독도 연안으로 이동하는 해양생물들의 분포 범위 변화와 서식 현황을 알 수 있다.

울릉도와 독도는 위도 상으로는 동해의 중부 해역에 해당하지만 난류의 영향을 받아 수온이 높을 때에는 제주도나 남해에서 올라온 열대, 아열대 생물 종들을 관찰할 수 있고 추운 겨울철에는 온대성 어종들을 주로 만날 수 있다. 또한 위도가 같은 동해 연안에서는 볼 수 없는 감태, 대황, 자리돔 등이 일 년 내내 서식하고 있어 울진, 죽변 연안보다는 난류의 영향을 많이 받고 있음을 알 수 있다. 이러한 환경은 울릉도, 독도만의 독특한 수중 생태를 꾸리게 했다.

▶▶ 어린 독가시치

# 울릉도 · 독도의 10대 수중 경관

▶▶ 울릉도 바닷속에서는 바람이 강하게 부는 울릉도 언덕에 서 있는 나무처럼 생긴 둔한진총산호를 만날 수 있다.

# 관동팔경을 뛰어넘는
# 울릉도, 독도의 10대 수중 경관

바닷속 풍경이라 하면 부드러운 해조류가 넘실대고 유유히 물고기 떼가 헤엄치는 푸른빛의 공간에 둥둥 떠 있는 스쿠버다이버를 떠올린다. 최근 스쿠버다이버의 수가 급격히 늘어났음에도 정작 우리나라 연안의 수중 세계에 대한 자료는 많지 않다. 그나마 스쿠버다이버들의 출입이 잦은 제주도와 동해 연안은 어느 정도 자료가 모였지만, 그 외 대부분의 연안은 자료가 없거나 매우 부족한 실정이다. 가장 큰 이유는 체계적인 수중 생태 조사가 꾸준히 이루어지지 않은 데에 있다. 최근 스포츠 다이버의 수가 늘고 활동도 활발하게 이루어지고 있지만, 이들은 수중 경관을 기록하기보다는 수중 산책을 즐기거나 다른 다이버를 교육시키는 데 치중하고 있어 자료 축적의 효과는 크지 않다. 멋진 풍광을 제공할 뿐만 아니라 해양 자원을 제공하는 우리 바다 밑 세상에 대해 좀 더 치밀하고 체계적인 조사와 관리가 이루어졌으면 하는 바람이다.

삼면이 바다로 둘러싸인 우리나라는 바닷속 수중 경관이 뛰어나고 생태 환경 또한 다양하다. 그중 울릉도와 독도의 바닷속을 빼놓을 수 없다. 울릉도는 2009년에 처음으로 체계적인 분류군별 생물상 조사가 시작되었고, 독도는 2008년부터 '생태 지도'를 그리기 위한 연구 조사가 진행되었다. 연구자들은 관측하기 좋은 지점 몇 군데를 정하여 그곳을 정점으로 수중 경관을 기록해 나갔다. 그중 울릉도 연안에 6개, 독도 연안에 4개 지점의 아름다움이 연구자와 다이버 사이에 입소문이 났다. 이 10곳은 각 지역의 아름다운 풍광에 '단양 8경', '제주 10경'이라 이름 붙이듯 가히 '울릉도, 독도의 10대 수중 경관'이라 할 만하다. 수중 절경이라고는 하나 본래 조사를 위한 지점들이므로 자료 정리가 끝날 때까지는 독특한 생물상과 환경에 대한 조사가 계속될 것이다.

▶▶ 독립문바위 아래 '천국의 문'의 좁은 통로 천장에 부채뿔산호들이 자라고 있다.

▶▶ 울릉도 독도 10경

**울릉도**
1경_ 능걸(수중 암초)
2경_ 죽도
3경_ 관음도
4경_ 쌍정초 등대
    2003년 수중 암초 위에 등대를 세워 멀리서도 잘 보인다.
5경_ 대풍령(왼쪽)과 대풍령 앞 암초(오른쪽)
6경_ 공암

**독도**
7경_ 가제바위
    바다사자들이 앉아 놀았다는 가제바위는 서도 북쪽에 있는 높이가 나지막한 암초이다.
8경_ 독립문바위(동도)
9경_ 어민 숙소 앞 암초 아래에 위치한 혹돔굴
10경_ 옛 선착장이 있던 해녀바위

+ 1경: 능걸_ 울릉도

울릉도 통구미 해안에서 동남쪽에 자리한 수중 암초이다. 수심이 각각 4미터, 9미터 13미터인 3개의 봉우리로, 남쪽으로는 경사가 완만하나 북쪽과 북동쪽은 직벽을 이루고 있다. 이러한 지형은 다양한 수중 생물들을 불러 모았다. 암반 윗부분에는 대황과 감태가 자리를 잡아 숲을 이루었으며 그 아래로 아름다운 옥덩굴 군락이 펼쳐져 있다. 옥덩굴 군락 아래쪽으로 완만히 이어지는 경사를 따라 내려가면 수심 25미터 지점에 편평한 바위가 나선다. 바로 방석바위이다. 바위 주변으로 감태와 자리돔 같은 물고기 무리들이 어우러져 아기자기하고 멋진 수중 생태를 연출한다. 수온이 섭씨 20도 전후까지 올라가는 여름에는 제철을 만난 방어 떼, 놀래기류, 말쥐치, 아홉동가리, 해파리를 따라 다니는 전갱이 새끼 무리 등 다양한 물고기를 만날 수 있다. 자리돔이 수면에 가까운 표층에서 깊은 저층까지 넓게 퍼져 헤엄치는 모습도 볼 수 있어 바닷속 경관이 매우 생동감 넘친다. 덩치가 70~90센티미터에 달하는 혹돔도 이 무렵에 자주 만날 수 있다.

▶▶ 능걸의 수심 25미터에 있는 방석바위 위에 감태가 자리를 잡았다.

▶▶ 능걸 주변에서 볼 수 있는 생물 종
1 여름이면 능걸 주변에 나타나는 방어 무리
2 먹이가 풍부해 여름이면 어린 돌돔들이 몰려와 자란다.
3 수온이 높을 때 난류를 타고 올라온 해파리와 그 촉수에 공생하는 전갱이류 치어들
4 능걸 주변에 군락을 이룬 옥덩굴

▶▶ 모자반 등 해조류가 무성한 곳에는 물고기, 조개들이 건강한 생태 숲을 이루고 있다.

+ 2경: 죽도_ 울릉도

죽도는 울릉도 북동부 쪽에 위치하며 사람이 살고 있는 유인도이다. 수직에 가까운 직벽 위에 편평한 평지가 있어 전체적으로 직육면체의 형태를 띠는 섬이다. 죽도의 정남쪽 직벽을 따라 잠수하면 좌우로 봉우리 높이가 5~6미터나 되는 큰 바위가 있고 수심 25미터 지점에 다른 큰 바위가 있어서 전체적으로 삼각 지형을 이룬다. 그 사이에 그보다는 작은 바위들이 흩어져 있다. 섬의 직벽 옆에는 건강한 감태 숲이 아름답게 펼쳐져 있고, 수심 5~6미터 지점의 암반 봉우리에는 감태, 대황, 부채뿔산호들이 무성한 숲을 이루고 있다. 그러나 수심 10~18미터 사이 암반과 바위의 감태 숲은 상태가 좋지 않거나 갯녹음 현상연안 암반 지역에서 대형 해조류가 줄어드는 대신 흰 석회조류가 자라 암반이 흰색으로 변하는 현상이 진행되고 있어 바위 위의 성게가 쉽게 눈에 띈다. 수심 20~25미터의 암반 지대로 내려가면 다시 감태 숲이 무성해지고 해면, 부채뿔산호 등과 자리돔, 황놀래기, 인상어 떼가 어울려 멋진 수중 경관을 만들어 낸다.

▶▶ 울릉도 연안의 화려한 수중 세계를 대변하는 부채뿔산호

수심 35~45미터 깊이의 죽도 수중에는 해송이 군락을 이룬 곳이 있다. 수심이 깊어 다이버들이 쉽게 찾기는 어렵지만 울릉도, 독도 연안에서 발견된 해송 군락 가운데 규모가 가장 커서 생태 보호가 필요하다.

▶▶ 죽도 연안에 서식하는 것으로 확인된 해송

▶▶ 죽도 연안에서 만난 살파 군체

+ 3경: 관음도_ 울릉도

울릉도의 북동쪽 꼭대기 부분에 울릉도 주변의 섬 중 세 번째로 큰 관음도가 자리 잡고 있다. 관음도 서쪽에는 수면 위로 몇 개의 암초가 드러나 있다. 울릉도 사람들이 '영감추'라 부르는 이곳은 파도의 영향을 받는 작은 암초들이 줄지어 서 있으나 물속은 의외로 단순한 직벽 형태를 보인다.

▶▶ 사진 왼쪽으로 보이는 관음도 남쪽 연안에 수면 밖으로 나온 작은 암초들이 영감추이다.

▶▶ 5월경 얕은 수심대에 형성된 관음도 연안의 미역 숲에는 홍합, 성게 등 다양한 생물이 모여 건강한 생태 환경을 보여 준다.

▶▶ 7월이 되어 수온이 올라가면 미역은 줄기 아랫부분만 남고 엽체가 녹아 없어진다.

해조류로는 10미터 이내 수심대에 사는 불레기말, 일년생 대형 갈조류인 미역과 괭생이모자반, 여러해살이 갈조류인 대황과 감태 그리고 짝잎모자반 등이 많다. 수심이 깊어지면 부분적으로 참그물바탕말이 무리지어 살고 있다. 물고기는 자리돔, 망상어, 가막베도라치, 노래미, 긴꼬리벵에돔, 돌돔, 말쥐치, 개볼락, 흰줄망둑, 가시망둑이 어우러져 서로 아름다움을 뽐낸다. 그러나 이곳에도 혹돌잎과 같은 무절석회조류로 덮인 갯녹음 현상이 나타나고 있어 대형 해조류가 사라질 위험에 처해 있다. 오래도록 이곳의 멋진 수중 경관을 훼손시키지 않고 지키려면 정밀한 과학적 조사가 필요하다.

▶▶ 해조류가 적은 곳(왼쪽)이나 갯녹음 현상이 심한 곳(오른쪽)에서는 유난히 성게가 많이 관찰된다.

▶▶ 관음도 연안의 어류_ 여름철 식성이 좋아진 벵에돔(왼쪽)과 함께 어울려 활발히 먹이 활동을 하는 용치놀래기와 황놀래기(오른쪽)

## + 4경: 쌍정초_ 울릉도

죽도에서 동북쪽으로 멀리 보이는 쌍정초는 수중 암초이다. 2003년 등대가 세워지기 전까지는 울릉도에서 가장 자연 생태가 잘 보전되었던 곳이다. 조류가 빠르고 울릉도 본섬에서 비교적 멀리 떨어져 있어 상대적으로 사람들의 간섭을 많이 받지 않아 지금도 물속의 원시성을 잃지 않고 있다. 다이버들 사이에선 울릉도에서 가장 수중 경관이 뛰어난 곳으로 인정받는 곳이기도 하다.

수심 3미터 깊이 물속에 있는 봉우리는 바닥에서 거의 직벽으로 솟은 암초이며 모자반, 감태, 미역 같은 해조류가 무성하게 뻗어 있다. 빠른 조류에 이들 해조류가 흔들리는 경관은 수중 절경이라 할 만하다. 암초에는 2~3개의 갈라진 틈이 있으며 수심 20~30미터 깊이에는 크고 작은 바위와 커다란 넙적 바위가 있어 다양한 환경을 만들기 때문에 해양생물들도 여러 종을 만날 수 있다. 수심 15~20미터 사이에는 길이가 17~18센티미터나 되는 대형 홍합이 옹기종기 모여 자라고, 20~27미터 깊이에는 찬 바다에서만 볼 수 있는 섬유세닐말미잘이 군락을 이루고 있다.

한류성 말미잘 군락 등 한대성 생물의 아름다움을 만날 수 있는 쌍정초는 울릉도에서도 독특한 환경을 가진 곳이다. 물 흐름이 빠르고 직벽 경사가 가파른 이곳에는 방어, 부시리 같은 대형 회유 어종이 자주 떼를 지어 출현하여 스쿠버 다이빙을 즐기던 다이버들을 놀라게 하곤 한다.

▶▶ 쌍정초 바닷속 풍경_ 수중 암초 정상 부근에 서 있는 쌍정초 등대의 교각 주변으로 모자반이 숲을 이루고 물고기도 모여든다.

▶▶ 직벽이 발달하고 물 흐름이 빠른 쌍정초 주변에는 늘 풍부한 어족 자원이 모여든다. 사진 속 어종은 불볼락이다.

▶▶ 한대성 생물 종인 섬유세닐말미잘 군락이 발달한 쌍정초 수중은 한류성 생물과 난류성 생물이 모이는 터미널 같은 곳이다.

▶▶ 대풍령 수중에서 만난 생물들_ 1 멍게 2 크랙 속에 서식하는 부채뿔산호
3 소라와 홍합 4 쥐노래미

▶▶ 대풍령의 수중 풍경_ 얕은 직벽에는 해조류가 무성하고(위) 밑으로 내려가면 큰 바위가 쪼개진 듯한 크랙(아래)도 있어 다양한 생물이 숨어 지낸다.

+ 5경: 대풍령(태하)_ 울릉도

울릉도의 서쪽인 서면 태하리에는 '바람을 기다리는 고개'라는 뜻의 대풍령이 있다. 바다 쪽으로 육지가 튀어나온 곶 형태로 직벽이 발달한 곳인데 육상의 경치도 빼어나다. 절벽 아래에 조그만 돌섬이 하나 있는데 물 흐름이 빠르고 수중으로 몇 개의 큰 주름과 틈이 있는 직벽이 이어진다. 해조 숲은 수심이 얕은 곳에만 발달하였다. 직벽 지형이므로 수중 경관은 단순하게 느껴질 수도 있지만, 해조류와 해양생물이 풍부하여 건강한 생태 환경을 보여 준다. 10미터 이내 수심에서는 홍합, 해삼, 부채뿔산호, 문어다리불가사리 등 쌍정초에서도 볼 수 있는 종들을 만날 수 있고, 울릉도에서는 흔치 않은 멍게의 서식도 확인되었다.

+ 6경: 공암_ 울릉도

울릉도 북쪽에 있는 현포항 앞에 솟아 있는 바위섬으로 멀리서 보면 마치 코끼리 머리처럼 생겼다고 하여 '코끼리바위' 라고도 부른다. 물 밑의 지형도 물 위 모습과 유사하여 바닥까지 밋밋한 직벽을 이루는데 주름이 굵직굵직하게 져 있다. 수심 7~8미터까지 해조류가 무성하고, 수온이 낮은 시기에는 특히 미역이 번성한다. 그 아래쪽으로는 홍합, 해면, 성게, 불가사리 등이 보이고, 여름철에 터널처럼 생긴 공암의 구멍 아래에서는 남쪽 먼바다에서 떼 지어 올라온 어린 벤자리 떼를 가끔 만날 수도 있다. 공암의 구멍 아래는 물 흐름이 좋아 늘 물고기가 많이 모여들고 범돔, 돌돔과 같은 예쁜 어종들이 수중 경관을 더 아름답게 만든다.

▶▶ 공암의 직벽 아래 수중 모습

▶▶ 공암 아래에서 만난 벤자리 유어 무리

▶▶ 직벽과 구멍 아래 바닥에서 자리돔과 함께 유영하는 돌돔

▶▶ 독도 4경

+ 7경: 가제바위(하늘창)_ 독도

가제바위는 독도의 가장 북쪽에 있으며 여러 개의 암초로 되어 있다. 해류의 흐름이 원활하여 다양한 물고기가 많이 모여드는 곳이다. 한때 바다사자(울릉도 사투리로 가제)가 많이 모여 살았다고 하여 '가제바위'라는 이름을 얻었지만 지금은 바다사자의 흔적조차 찾아볼 수 없다. 바다 위로 낮게 솟은 암반은 큰 가제바위, 작은 가제바위로 나뉘고, 물속에는 크고 작은 봉우리 모양의 암초들이 여러 개 발달해 있으며 바닥은 크고 작은 바위들로 되어 있다. 수면 위로 나온 바위 끝에서 수중까지 직벽을 이루고 있어 바닷물의 흐름이 강하고 항상 다양한 어종들을 만날 수 있다.

▶▶ 가제바위 연안은 직벽으로 이루어져 있고 조류가 빨라 모자반들이 마치 바람에 머리카락이 흩날리는 것처럼 보인다.

▶▶ 하늘창_ 골짜기 가장 안쪽에 다다르면 수면을 향해 뚫린 좁은 바위틈에 돌돔, 벵에돔, 볼락 같은 덩치 있는 물고기들이 들어차 있다. 꼭대기는 마치 하늘을 향해 뚫린 창처럼 보인다.

바다 밑 3~5미터 수심에 있는 바위는 홍합으로 뒤덮여 있고 직벽의 수심 약 9~10미터까지는 감태 숲이 무성하다. 그 위쪽 수심 5~7미터 범위에는 홍합과 대황 숲이 크게 번성한 것을 볼 수 있다. 숲을 이루던 감태가 자취를 감추는 수심 25미터 전후 깊이에는, 해조류 중에는 갈조류와 홍조류가 번성하고 물고기 중에는 자리돔, 놀래기, 벵에돔들이 떼를 지어 나타난다. 이 주변에 사는 어종 중 가장 개체 수가 많은 자리돔과 인상어의 비율은 약 5 : 5로 두 종이 함께 어울려 사는 모습을 보인다

인상어를 제주도 연안에서는 거의 찾아볼 수 없다는 점을 감안하면 독도가 제주도와는 다른 독특한 환경을 가졌음을 확인할 수 있다. 또 남해나 동해 연안에서는 인상어와 함께 망상어가 흔한 종이다. 이는 독도의 어류상이 제주도와 동해나 남해의 중간적 형태를 띤다는 것을 말해 준다. 수온이 섭씨 24도 이상으로 높은 여름철에는 돌돔, 벵에돔, 말쥐치, 놀래기류, 줄도화돔, 파랑돔 등과 쓰시마 난류 영향권역에서 볼 수 있는 물고기들을 만날 수 있다.

▶▶ 가제바위의 수중 풍경

▶▶ 가제바위 부근에서 유유히 헤엄치고 있는 자리돔과 인상어

▶▶ 독립문바위 아래 천국의 문 길을 따라서
1 천국의 문 입구는 모래로 포장해 놓은 듯 길이 나 있다.
2 비스듬히 얕아지면서 천국의 문으로 들어가는 길에 있는 바위와 고운 모래길
3 길을 따라 오르다보면 천국의 문으로 이르는 12계단이 있고 폭은 더 좁아진다.
4 길은 좁아지면서 크고 작은 바위들이 깔려 있다.
5 좁은 길 꼭대기에 바위로 된 터널형 천국의 문
6 천국의 문을 통과하면 대황과 감태가 숲을 이룬 평화로운 동산이 나타난다.

+ 8경: 독립문바위(천국의 문)_ 독도

동도의 남쪽 끝에 있으며 독립문처럼 생겼다고 해서 붙여진 이름이다. 주변에 감태와 대황 숲이 넓게 발달해 있어 보존 가치가 높은 곳으로 평가받고 있다. 바위 아래로 뚫린 길을 따라 남쪽으로 넘어가는 골짜기와 그 너머 남쪽 연안의 크고 작은 봉우리 주변에 넓게 펼쳐진 대황과 감태 숲이 마치 평온한 하늘나라 같다고 해서 독립문바위 수중 골짜기 끝은 '천국의 문'이란 애칭이 붙여졌다.

천국의 문 입구에서 골목을 지나 남쪽으로 가는 길은 독도 연안에서 가장 아름다운 바닷속 풍경 중의 하나이다. 좁은 골짜기를 지나 남쪽의 감태 동산까지 가는 동안 내내 다양한 경관이 펼쳐지며, 바위 아래 굴속에서는 대형 혹돔이나 덩치 큰 벵에돔들을 만날 수 있다. 자리돔, 물꽃치, 인상어가 큰 무리를 지어 헤엄치고, 난류의 영향을 받는 여름과 가을철에는 강담돔, 돌돔, 잿방어 들도 만날 수 있다. 규모와 수심대가 다양한 수중 경관을 즐기기에 적당하여 수중 탐사 대원들에게 인기가 높다.

북쪽 입구 부근의 대황 숲은 독도에서도 가장 잘 발달한 원시적 해중림으로 보존 가치가 높다.

▶▶ 독립문바위 천국의 문 근처 혹돔굴 입구에는 혹돔이 소라, 고둥 등을 부숴 먹어 조개껍질이 널려 있다.

▶▶ 독립문바위 부근에 감태 밭이 멋지게 펼쳐져 있어 마치 바닷속에서 우거진 숲을 보는 듯하다.

최근에는 독립문바위 주위에서 3개의 혹돔굴이 새로 발견되었다. 혹돔굴은 혹돔이 부수어 먹은 소라 껍질이 입구에 흩어져 있어 찾기가 어렵지는 않다. 이곳에 사는 혹돔은 크기가 70센티미터 전후였다. 혹돔굴은 밤에 혹돔이 휴식을 취하는 곳으로 독도 주변에 상당수 존재하는 것으로 알려져 있다. 혹돔은 앞으로 독도 연안의 생태 관광이 본격화된다면 주 대상 어종이 될 것으로 기대된다. 독립문바위 연안의 대황 숲과 남쪽 연안의 감태 숲도 마찬가지이다. 규모가 크고 숲들이 건강하여 국내외 공동 탐사나 수중 촬영 대회를 열어도 손색이 없는 곳이다.

+ 9경: 혹돔굴_ 독도

독도의 부속 암초 가운데 '산 73번지'라고 표시된 곳의 바닷속에는 수심 13~15미터 부근과 언덕 위 수심 4~5미터에 2개의 입구가 있는 혹돔굴이 있다. 연구자들은 1990년대부터 이 굴의 혹돔을 꾸준히 관찰해 오고 있다. 입구가 둘인 이 굴에는 매일 밤 찾아와 쉬는 혹돔들이 있다. 1990년대 후반에는 하룻밤에 4마리까지 볼 수 있었는데 2008년 이후에는 매년 한 마리씩 밖에 볼 수 없다. 해가 지고 주위가 어두워지면 대형 혹돔이 자신의 자리(천정 부근의 크랙)를 찾아 들어가 휴식을 취한다. 낮에는 혹돔이 굴을 비우고 밖으로 나가 없기 때문에 야행성이 강한 개볼락 수십 마리가 들어와 돌 틈에서 휴식을 취하곤 한다. 바닷속의 굴도 낮과 밤의 주인이 바뀌며 공유하는 것으로, 자연 속 생물들의 질서 정연한 조화가 그저 신기할 뿐이다.

▶▶ 혹돔굴_ 서도 앞 '산 27번지' 암초 바로 아래로 다이버가 있는 곳이 굴 입구이다.

© 이선명

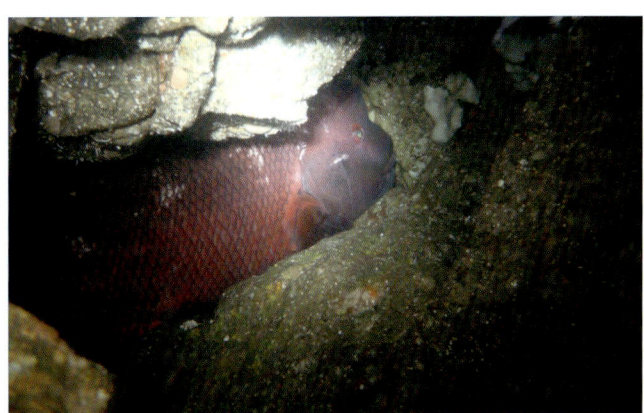

▸▸ 혹돔굴 속에는 혹돔이 은신하기 좋은 돌 틈이 여러 군데 있다. 하룻밤에 최대 4마리까지 휴식하기도 하였다.

▸▸ 혹돔굴 안쪽에서 바라본 입구 쪽으로, 굴 입구 천정에는 부채뿔산호들이 자란다.

▶▶ 녹색 정원_ 해녀바위 아래는 다른 곳에 비해 수심이 15미터로 얕고 바위로 된 내만 같은 분위기여서 마치 평화로운 작은 정원 같은 풍경을 연출한다.

▶▶ 해녀바위 부근을 탐사하는 탐사대원들

+ 10경: 해녀바위(동키바위)_ 독도

지금의 선착장이 건설되기 전 1990년대까지 동키바위는 동도에 근무하는 경찰의 보급품이나 인원 등을 수송하는 선착장으로 이용되던 곳이다. 당시에는 이곳에 수동 크레인(동키)이 설치되어 있어 '동키바위'라 불렀다. 수면 위에는 지금도 작은 크기의 콘크리트 구조물이 남아 있고, 물속에도 폐그물, 로프와 같은 인간 활동의 흔적이 남아 있다. 주위에 암초와 선착장이 있어서 다른 곳보다는 파도의 영향을 적게 받기 때문에 크기가 작은 해양생물을 많이 만날 수 있는 곳이다.

바위의 직벽이 편평한 바닥과 만나는 수심 10~11미터부터 서쪽으로 서서히 깊어지는 완만한 경사 지대를 이루는데, 중간에 커다란 암반이 있고 그 사이에는 작은 모래와 자갈이 깔려 있다. 이곳은 수심이 얕은 곳에는 모래, 자갈이 깔려 있고 파도가 약해서 어린 해양생물을 만나기에 적합하다. 마치 조용한 내만 같은 분위기를 가진 이곳은 바닥의 크고 작은 암반에 서식하는 녹조류와 갈조류들이 고요하고 평화로운 수중 경관을 만들어 '녹색 정원green garden'이란 별명이 붙었다. 2012년 10월 국토해양부 국토지리정보원에서는 해녀들이 쉬던 곳이라 하여 이곳에 '해녀바위'라는 새 이름을 붙였다.

▶▶ 녹색 정원에서는 모자반을 비롯한 해조류와 작은 물고기들이 어울려 지낸다.

## 미지의 바다

난류와 한류가 교차하며 투명도가 높아 깨끗하고 탁 트인 동해에 자리 잡은 울릉도와 독도는, 바다 위에 솟아 있는 육지뿐만 아니라 수중 세계도 우리나라에서 가장 아름다운 경관을 보여 주는 곳이다. 독도가 국제적인 문제로 늘 주목받아 왔다면 울릉도는 비교적 평온하게 사람들과 부대끼며 생활해 왔고 오징어와 호박엿 정도가 유명한 섬이었다. 그러나 아름다운 자연과 독특한 생태가 알려지면서 많은 사람들이 울릉도와 독도를 꼭 가보고 싶은 섬으로 꼽고 있다. 형제섬인 울릉도와 독도의 육상 생태는 조사가 여러 번 이루어져 비교적 잘 알려져 있지만, 바닷속은 아직도 미지의

▶▶ 쉽게 사람이 찾아들지 못하는 독도 수중에 들어가면 해조 숲과 물고기 세상을 방문한 이방인 같은 느낌이 든다.

▶▶ 울릉도의 수중 세계는 짙푸르고 맑은 바닷물 색과 다양한 해양생물로 색다른 수중 경관을 연출한다. 사진은 울릉도 능걸 암초 정상

세계를 간직하고 있다. 특히 울릉도 연안의 수중 생태는 독도만큼 활발한 조사 활동이 이루어지지 못해 자료가 많이 부족한 편이다. 최근까지 여러 가지 연구 사업이 추진되면서 수중 생태 조사가 실시되고 있지만, 여전히 과학적 조사가 필요한 미지의 세계로 남아 있다.

한류와 난류가 소용돌이치고 또렷한 사계절을 가진 울릉도, 독도 바다는 예로부터 오징어, 소라, 전복 등이 풍성하게 잡히는 황금어장이었을 뿐 아니라 생물 다양성 측면에서도 한류와 난류의 영향을 함께 받는 생태를 한곳에서 관찰할 수 있는 곳이다. 수심이 얕은 곳에는 난류성 해조인 감태가 무성하지만 수심 20미터 아래로 내려가면, 한대성 말미잘 중의 하나인 섬유세닐말미잘이 군집을 이루고 있는 울릉도 쌍정초처럼 독특한 생태를 보여 주는 곳이 많아 해양 생태학적 측면에서도 가치가 높다. 이외에도 여러 가지 조사 결과를 종합해 보면 동해, 남해, 서해 연안과는 다른 개성 넘치는 환경과 생태를 가지고 있음을 알 수 있다. 색다른 생물 종을 만날 수 있고 뛰어난 수중 경관을 지닌 울릉도와 독도는 우리가 관심을 가지고 보호, 관리해야 할 보석 같은 섬들이다.

ⓒ 신광식

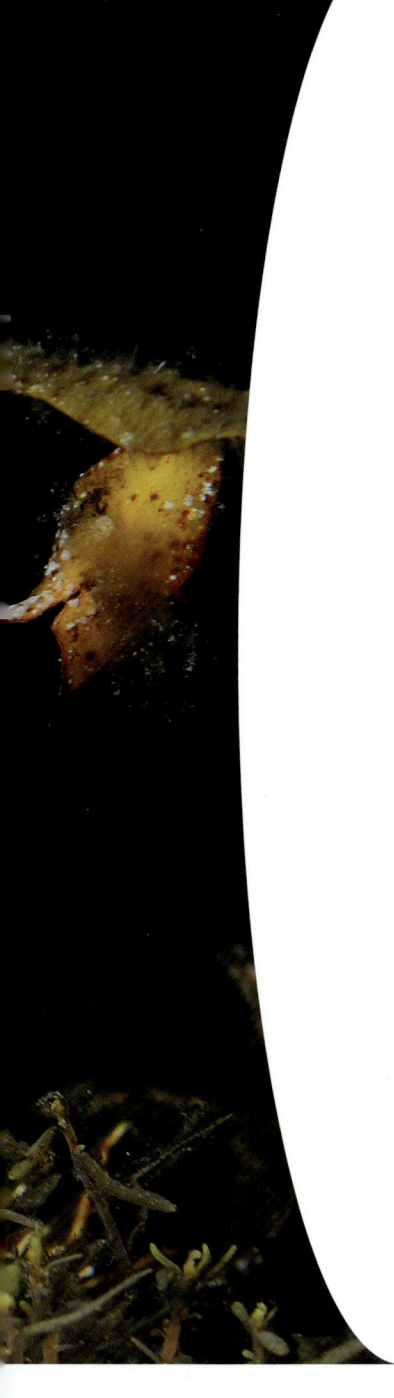

# 울릉도·독도의 생물들

▶▶ 야간에 독도의 혹돔굴 해조에 기대 휴식을 취하고 있는 두줄베도라치

# 서로 어울려 사는 바다, 풍부한 자원의 바다

1970년의 동해 어장 조사(NFRDI, 1971)에서는 북상하던 난류가 죽변 부근에서 일부 나누어져 30~100미터 수층으로 울릉도와 독도에 이른다고 기록하고 있다. 이때 울릉도와 독도 연안의 수심별 바닥 상태와 수산 자원에 대한 조사도 이루어져 울릉도의 서쪽 연안으로 수심 10미터층까지, 동쪽으로는 50미터 수층까지 난류가 접근하는 것을 확인하였다. 또 울릉도와 독도 주변의 해저 바닥이 암반과 자갈로 되어 있다는 사실도 밝혔다.

울릉도는 연안에서 약 3.6킬로미터까지 수심 200미터 등심선이 확인되었고, 그 바깥쪽은 급경사를 이루며 깊어진다고 기록되어 있다. 연안은 대부분 자갈과 암초 그리고 모래로 되어 있으며, 자망, 트롤과 같은 어구를 이용한 어업 조사에서 볼락, 황볼락, 꽁치, 복어, 연어, 송어, 도루묵, 가자미, 말쥐치, 명태, 빨간대구, 가오리, 오징어, 문어, 대게, 해삼 등의 서식이 확인되었다.

독도는 연안에서 5.4킬로미터까지 200미터 수심을 보이는데, 수심 100미터까지는 자갈과 암반, 100~200미터 사이에는 모래와 조개껍질이 바닥에 깔려 있다고 기록되어 있다. 독도 연안에서 정착 생물은 총 면적 74.6헥타르에 걸쳐 서식하는데 그중 27.4헥타르가 어장으로서 가치가 있으며, 주요 수산 자원으로는 전복, 소라, 미역, 담치, 문어, 해삼, 바위굴 등을 꼽았다. 수심이 100~200미터로 깊어지면 바닥의 굴곡이 심해지고 오징어, 꽁치, 명태, 연어, 송어 어장이 형성되어 있다고 적고 있다. 울릉도와 독도 주변의 바다 저질과 어업에 대한 조사를 주로 하였기 때문에 1990년대부터 진행된 잠수에 의한 연안 생태 조사 결과와는 다소 다른 기록을 보인다. 당시 조사에서는 울릉도, 독도 연안에 어류 총 14과 18종, 오징어, 문어두족류는 3과 3종, 새우, 게류갑각류는 4과 4종을 확인하였다.

울릉도는 항구와 일주 도로의 건설 등 토목 사업으로 연안의 자연환경이 교란된 것으로 알려지면서 1992년 자연 생태에 대한 종합적인 정밀 조사가 이루어졌다(환경처, 1993). 이때 울릉도 연안의 해조류는 총 158종으로 녹조류 20종, 갈조류 43종, 홍조류 95종이 확인되었고, 무척추동물은 해면동물 3과 3종, 자포동물 7과 14종, 연체동물 22과 58종, 미기록종 32종을 포함하여 총 64과 170종이 기록되었다. 환형동물, 절지동물, 극피동물도 총 82과 192종, 어류는 미기록 어종 1종을 포함해 총 32과 49종이 확인되었다.

독도는 연안의 생태나 자원에 관한 자료가 부족했을 때에도 '수산 자원의 보고'로 알려져 있었다. 국립수산진흥원(현, 국립수산과학원)이 1959년 발행한 「해양조사연보」에 실린 이 지역의 어업 활동에 관한 기록을 살펴보면 선박 50척, 어민 수 200~300명으로 되어 있다. 독도 주변 어장에서는 주로 근해 채낚기, 유자망 어업, 통발 어업, 중형 기선 저인망 어업 등이 이루어졌는데, 이 중 오징어 채낚기 어업은 아직도 활발하게 이루어지고 있다. 독도 연안에서는 바위가 있는 곳을 중심으로 해녀들의 나잠과 잠수기 어업이 벌어지며 오징어, 꽁치와 같이 계절에 따라 옮겨 다니는 일부 어종을 쫓는 어업도 이루어졌다.

1960년대에 독도 연안에서 해녀들과 함께 이곳 암반에 정착한 생물을 조사한 결과 해조류 39종, 수산 동물 17종을 확인하였다. 이때 서식이 확인된 주요 수산 생물로는 소라,

▶▶ 울창한 감태 숲에서 만난 독도의 소라는 어른 주먹보다 큰 것도 흔하다.

▶▶ 소라와 홍합의 크기 비교

전복, 보라성게, 말똥성게, 홍합, 미역, 돌김 등이 있다. 그때와 지금의 기록을 비교하여 분석해 보면 전복은 거의 고갈된 데 비해 소라는 아직도 비교적 풍부하다.

한국해양과학기술원에서 독도 연안 생태 조사를 시작한 1990년대 중반부터는 어구 조사와 스쿠버다이빙에 의한 잠수 조사가 병행되어 좀 더 정밀한 연안 생태 자료들을 축적할 수 있었다. 1999년 5월에 자망과 통발을 이용해 실시한 조사에서는 총 27종의 수산 생물이 확인되었다. 연어병치, 말쥐치, 대구횟대를 포함한 어류 15종, 연체동물 6종, 극피동물 5종, 갑각류 1종이 기록되어 있다. 지금까지 독도 연안에서 기록된 해양생물 자원 중 어류를 포함한 동물은 495종, 해조류는 223종이다.

독도 연안에 사는 물고기 중 비교적 개체 수가 풍부한 것은 개볼락, 돌돔, 혹돔, 말쥐치, 연어병치, 놀래기, 부시리, 벵에돔, 자리돔 등인데 이들 대부분은 바위 암반이 발달한 곳에 살고 있다. 특히 낮에는 거의 활동을 하지 않는 개볼락이나 밤에 잠을 자는 혹돔은 바위 연안 중에서도 굴곡이 심하고 동굴이나 수직 또는 수평으로 갈라진 틈이 많은 곳에 즐겨 산다. 독도는 이러한 종들이 서식하기에 적합한 해저 암반 지형을 갖고 있어서 앞으로 지형에 대한 적극적인 보호도 필요하다. 동도와 서도 사이의 수심이 얕은 곳에 발달한 해중림에는 돌돔, 벵에돔, 볼락류 등의 어린 물고기 떼가 몰려드는 것이 확인되었다. 이는 독도 연안에 서식하는 수많은 정착성 어종들이 치어(어린 물고기) 때에는 동도와 서도 사이의 얕은 곳에 모여 산다는 것을 보여 준다.

울릉도와 독도 연안은 계절 또는 주기적으로 환경의 변화가 크기 때문에 다양한 회유성 어종들이 몰려온다. 꽁치, 방어, 연어병치처럼 수면 가까이에 사는 회유성 어종은 동해의 주요 수산 자원이다. 이들 어종이 먹이 생물과 서식처 환경이 좋은 울릉도나 독도 연안으로 몰려오는 것을 감안

하면 이들 섬의 연안 환경을 지속적으로 관리하고 보존하는 일이 중요하다는 것을 알 수 있다. 풍요로운 어장뿐 아니라 다양한 생물 종이 어우러진 독도의 바닷속 풍경은 그 어느 바다 밑보다 아름다워 훌륭한 관광 자원으로서의 잠재력도 크다. 여러 가지 면에서 울릉도와 독도는 '동해의 보물'임이 틀림없다.

▶▶ 독도에서 만난 풍부한 어종
1 개볼락_ 야행성이라 좀처럼 낮에 만나기 힘든 종이지만 울릉도, 독도에는 개체 수가 많은 편이다.
2 돌돔_ 먹이감이 노출되자 돌돔과 용치놀래기 떼가 모여들어 활발하게 먹이 활동을 하고 있다.
3 혹돔_ 낮에는 거리를 두어 접근이 어려운데 밤중에는 굴에서 휴식을 취한다.
4 말쥐치_ 여름이면 난류를 따라 북상하며 독도 연안에는 떼를 지어 나타난다.
5 연어병치_ 떼를 지어 독도 바닷속을 헤엄치고 있다.
6 해중림_ 감태 숲은 어린 물고기들에게 좋은 서식 공간을 제공한다.

# 아름답고 신기한 해양생물들

울릉도와 독도의 수중 환경은 위대한 자연의 조화로움을 느끼게 한다. 울릉도, 독도에서만 볼 수 있는 대황 숲, 난류의 영향권에서만 대규모 숲을 이루는 감태 숲은 자신뿐 아니라 주변에 사는 다양한 생물 종들에게 삶의 터전을 제공하여 풍요로운 바다를 만들어 준다. 건강한 해조 숲으로 모여드는 크고 작은 해양생물 종들은 크고 웅장한 생물 군집을 이룬다. 특히 이곳은 남쪽에서 난류가 흘러들어 수온이 올라갈 때에는 제주도 해역에서나 볼 수 있는 열대와 아열대 생물 종들을 만날 수 있다. 난류를 따라 이동해 온 이들 생물 종과 무성한 해조 숲이 어우러져 만들어 내는 수중 풍경은 우리나라 근해에서는 보기 드문 희귀하면서도 독특한 광경이라 스쿠버다이버들에게 인기가 높다. 독특하고 아름다운 수중 세계와 보호 가치가 높은 생물 종을 다수 품고 있는 울릉도와 독도 연안은 앞으로도 꾸준히 연구가 이루어져야 할 곳이다.

▶▶ 여름이면 난류를 타고 울릉도 연안까지 올라오는 전갱이 새끼 떼

+ 감태

울릉도와 독도를 포함하는 동해안, 제주도와 남해안에 퍼져 있는 여러해살이 갈조류인 감태는, 개방된 해안이나 섬 지역 해안의 암반 조하대에 해중림을 형성하는 해조류이다. 독도의 감태 군락은 아직 크게 감소되지는 않았지만 해안 환경의 변화와 파괴로 매년 개체 수가 조금씩 줄고 있다. 감태는 제주도에서 일부가 채취되어 약용 원료로 이용되고 있다. 여러해살이 조류 특성상 일단 환경이 나빠져 훼손되면 다시 회복하기 어려우므로 장기적인 관찰과 보호가 필요한 종이다.

+ 대황

여러해살이 갈조류인 대황은 다시마 대용으로 먹거나 한방에서 약으로 사용하기도 한다. 울릉도와 독도의 암반 지역 가운데 조간대 하부와 조하대 상부에 부분적으로 분포하며 해중림을 이루는 주요 해조류 중 하나이다. 최근 이 지역의 환경 변화로 개체 수가 급격히 줄어들고 있어 대책이 필요한 종이다. 이곳에 오래 산 사람들의 말에 의하면 예전에는 수심이 깊은 곳에서도 숲을 이루고 있는 모습을 볼 수 있었으나, 언제부터인가 수심이 얕은 표층 지역에서만 군락이 발견되고 있다고 한다. 현재 울릉도, 독도 연안에만 남아 있어 보호 대책과 그에 대한 연구가 시급하다.

▶▶ 감태_ 모래밭에서는 작은 돌멩이 하나도 감태가 자리를 잡는 데 도움이 된다.

▶▶ 대황

+ 돌돔

가장 힘세고 멋있는 고기라 하여 '바다의 황제', '갯바위의 제왕'이라는 별명을 가진 돌돔은 우리나라 전체 연안의 암초 지대에 살며 따뜻한 바다를 좋아한다. 몸길이는 보통 30~50센티미터 정도이지만 70센티미터까지도 자라며 몸의 높이가 높고 좌우로 납작하다. 어릴 때는 노란색 바탕에 7줄의 검은 띠무늬가 뚜렷한데 자라면서 띠무늬는 희미해져 주둥이 부분만 검은색으로 남고 나머지 몸은 푸른빛이 도는 회색을 띤다. 주둥이는 끝이 뾰족한 새 부리 모양이며 이빨이 강하여 껍질이 단단한 조개, 고둥, 성게 등을 부숴 먹는다. 늦은 봄부터 초여름에 산란을 한다. 먼 거리 회유를 하는지는 확인되지 않았지만 여름철 울릉도와 독도 연안에 새끼들이 떼를 지어 나타나는 것으로 보아 어린 돌돔은 상당한 거리를 이동하면서 여름을 지낸다고 볼 수 있다.

+ 혹돔

머리에 사과만 한 혹이 있어 이름에 '혹' 자가 붙었으며, 놀래기류이지만 돔 종류처럼 덩치가 크다고 해서 이름이 '혹돔'이 되었다. 납작하고 긴 타원형의 몸을 가진 혹돔은 등이 대체로 붉은빛을 띠고, 어릴 때는 몸 옆면 중앙에 흰색의 세로띠가 있지만 자라면서 없어진다. 늙은 수컷은 윗머리가 혹처럼 불룩하게 튀어나온다. 양턱에는 굵고 강한 송곳니가 듬성듬성 발달하여 소라, 고둥과 같은 단단한 먹이도 부숴 먹는다. 낮에 활동하고 밤이 되면 바위틈이나 굴속에서 잠을 잔다. 우리나라 남해와 제주도 해역, 일본 남부, 중국 남부의 온대와 아열대 해역의 암반 지대에 산다. 울릉도, 독도 주변에는 80센티미터가 넘는 대형 혹돔이 살고 있는데, 밤이면 섬 근처의 동굴이나 바위 아래 집으로 돌아가 휴식을 취한다. 독도 연안 조사에서 4마리의 대형 혹돔이 같은 굴에서 잠을 자는 모습이 발견된 적도 있다.

▶▶ 돌돔

▶▶ 혹돔

+ 파랑돔

코발트빛을 띠는 긴 타원형의 몸을 가진 파랑돔은, 배 쪽과 뒷지느러미의 뒷부분 그리고 꼬리지느러미가 밝은 노란색을 띠어 매우 아름답다. 몸길이는 7~8센티미터이고 얕은 연안에서 수심 20미터 내외까지 발견되며, 연안 암초나 산호초에 무리지어 산다. 자리돔과 산란 습성이 유사하여 암초에 알을 붙이고 부화할 때까지 어미가 보호한다. 해조류와 동물성플랑크톤을 먹는 열대 어종으로 주로 인도, 태평양 열대 해역에 널리 서식한다. 북쪽으로는 일본 남부 해역과 우리나라 제주도, 울릉도, 독도까지 쓰시마 난류의 영향을 받는 해역에서 볼 수 있다. 화려한 몸 색으로 수족관에서도 인기가 높은 관상어이다.

+ 줄도화돔

연분홍색의 긴 타원형 몸을 가진 줄도화돔은 몸에 두 줄의 검은색 세로띠가 나 있다. 세로띠의 한 줄은 눈을 지나 아가미뚜껑 끝에 이르고, 또 다른 줄은 머리 위를 지나 몸통 중앙부에 이른다. 꼬리자루에는 눈동자 크기의 검은 점이 있고, 등지느러미 앞쪽 가장자리가 검다. 크기는 10센티미터 전후이며 연안 암초와 산호초 지대에 떼를 지어 산다. 한여름에 암수가 짝을 지어 알을 낳는데, 산란이 끝나면 수컷이 수정란을 입에 넣고 부화시키는 습성이 있다. 주로 쓰시마 난류의 영향권에서 살아가지만 여름철에는 남해의 여수부터 동해안 속초 앞바다까지 떼를 지어 나타난다. 우리나라 남해와 제주도 연안, 일본 중부 이남, 타이완, 필리핀, 인도네시아 연안, 호주 등지에 서식한다.

▶▶ 파랑돔_ 열대 어종인 파랑돔이 한여름에는 떼를 지어 울릉도 연안에 나타난다.

▶▶ 줄도화돔

+ 자리돔

줄여서 '자리'라고도 불리는 자리돔은 제주도 특산 어종이며, 남해안 외곽 도서, 울릉도와 독도 등 난류의 영향을 받는 따뜻한 해역에서만 서식한다. 몸길이가 주로 10센티미터 전후인 작은 물고기로, 몸은 흑갈색이고 비늘이 크며 꼬리자루에 흰색 점이 있다. 옆줄은 불완전하여 등지느러미 줄기부의 시작 지점 아래에서 끝난다. 여름철이면 돌에 알을 낳는데, 이 종 역시 어미가 알을 지키는 습성이 있다.

+ 해송

'바다의 소나무'라는 뜻의 이름을 가진 해송은 소나무처럼 흰 가지를 뻗는 산호류이다. 우리나라에서는 난류의 영향을 받는 제주도, 거문도, 거제도 앞바다에 있는 홍도, 울릉도와 독도 해역에서 발견되며, 천연기념물 465호로 지정되어 보호받고 있다. 울릉도에서 만나는 해송은 제주도 연안에서 자라는 것과는 종이 다른 것 같다.

▶▶ 자리돔 떼

▶▶ 해송

+ 해삼

우리나라 남해안을 포함한 모든 연안에 서식하는 극피동물이다. 몸 색깔은 흑갈색, 녹갈색, 붉은색 등으로 다양하며 표면에는 크고 작은 돌기가 나 있다. 크기는 20센티미터 전후이며, 천천히 바닥을 기듯이 움직이면서 바다 밑바닥의 퇴적물을 걸러 먹는다. 모래와 진흙, 조개껍데기가 섞인 곳 등 바닥 환경을 가리지 않으며 여름에는 여름잠을 잔다. 독도 연안에 서식하는 것은 붉은색을 띠어 '홍삼'이라고도 부른다.

+ 소라

고동류의 일종으로 우리나라의 모든 연안에서 만날 수 있다. 껍데기 표면에는 강한 돌기가 발달하는데, 해역에 따라 돌기의 크기는 달라진다. 파도가 세고 물 흐름이 빠른 곳에 사는 것일수록 돌기가 길다. 야행성이 강하여 낮에는 바위 틈에 모여 숨어 있다가 밤이 되면 나와서 먹이 활동을 한다. 전복과 함께 고급 수산 생물로 꼽히는데 울릉도, 독도 연안에 비교적 풍부하게 서식하고 있다.

▶▶ 해삼_ 감태 위로 올라간 해삼

▶▶ 소라

+ 홍합

사람들이 즐기는 식용 조개류로, 최대 크기는 18센티미터에 달한다. 껍질이 두껍고 단단하여 연안에서 쉽게 볼 수 있는 진주담치<sup>흔히 담치라고 함</sup>와는 구분된다. 우리나라의 모든 연안에서 볼 수 있지만, 주로 해류의 흐름이 강하고 물이 맑은 곳에 산다. 울릉도, 독도 연안의 수심 5~30미터 정도 되는 암반 조하대에 집단으로 서식하고 있다.

+ 문어

우리나라 동해와 남해에 살며, 바깥바다의 수중 암초나 섬 주변의 수심 10~100미터 정도의 암반 조하대에서 서식한다. 울릉도와 독도 그리고 경북 울진의 왕돌초 부근에서는 다리를 포함한 몸통 길이가 2.5미터 전후의 대형 문어가 종종 발견된다.

▶▶ 홍합

▶▶ 문어

# 새로운 가족들,
# 미기록 종

바다 환경의 변화를 가장 쉽게 알아볼 수 있는 방법은 생물상의 변화를 살피는 것이다. 예를 들어 제주도 남부 해역에서 매년 새로운 열대와 아열대 생물들이 확인되는 것으로 바다의 수온이 올라가는 사실을 알 수 있는 것과 같다. 또 감태나 일부 열대, 아열대 생물들의 분포 범위가 북쪽으로 넓어져 가는 현상도 마찬가지이다. 이러한 현상들은 울릉도, 독도 연안 조사에서도 확인된다. 난류의 영향을 받는 해역에서는 간혹 새로운 열대 생물 종이 확인되기도 한다. 1990년대부터 울릉도, 독도 해역 조사에서 발견된 미기록 어종으로는 청황베도라치, 다섯줄얼게비늘, 흑백자리돔(가칭)이 있으며, 최근에는 제주도에서만 관찰되던 나가사끼자리돔(유이), 세줄가는돔과 같은 어종이 이 해역에서도 발견된다.

### + 청황베도라치(*Springerichthys bapturus*)

몸길이가 6~7센티미터인 소형 물고기로, 연안의 암반 지역에서 산다. 꼬리지느러미가 검은색을 띤다고 하여 영어 이름은 **blacktail triplefin**이다. 1997년 독도 탐사에서 처음으로 표본이 확보되어 학계에 보고되었다. 남해안과 제주도 연안의 바위 지대에서는 가막베도라치와 함께 발견되는 온대성 어종이다.

### + 다섯줄얼게비늘(*Apogon cookii*)

동갈돔과에 속하는 다섯줄얼게비늘은 제주도에서도 발견되는데, 독도에서는 1997년 처음으로 2마리를 채집하여 학계에 보고되었다. 몸에 암갈색의 띠가 5줄 있으며 꼬리자루에 둥글고 검은 점이 있다.

▶▶ 청황베도라치_ 독도에서 채포하여 미기록 어종으로 어류 학계에 보고되었다.

▶▶ 다섯줄얼게비늘_ 독도에서 채집하여 미기록 어종으로 학계에 보고되었다.

+ **흑백자리돔(가칭, *Chromis margaritifer*)**

영명은 **Bicolor chromis**이고, 2009년 8월 독립문바위에서 발견하였으나 표본을 채집하지는 못하였다. 2011년 10월 7일 제주도 범섬에서 채집하였다. 이 종은 짙은 감색과 흰색이 몸의 반반을 차지하고 있는 열대성 자리돔류이다. 일본의 규슈 남쪽 연안에서는 개체 수가 많은 종으로 확인되었으나 우리나라에선 독도에서 관찰된 이래 2008년 제주도에서 처음 채집되었다.

+ **얼게비늘돔류**

아직 채집을 하지 못한 미기록 어종으로, 2011년 독도 혹돔굴에서 야간에 촬영한 사진이 유일하다. 표본이 채집될 때까지는 정확한 종명을 기재하기는 어렵지만, 사진의 형태적 특징으로 보아 *Apogon*속의 한 종으로 추정되는 우리나라 미기록 어종이다.

▶▶ 2008년 독도 생태 조사 때 발견된 미기록 어종 *Chromis margaritifer*. 사진은 2011년 제주도 범섬에서 채집한 개체

▶▶ 얼게비늘돔류

+ **세줄가는돔**(*Pterocaesio trilineata*)

이름처럼 몸에 세 줄의 띠를 가졌으며 20센티미터까지 자란다. 2008년 독도의 혹돔굴에서 수십 마리가 무리지어 있는 것을 발견하였다. 태평양, 인도양에 사는 열대 어종이며 회유를 하지 않는 어종으로 알려져 있지만, 소형 개체들이 난류를 따라 독도 연안까지 올라온 것으로 생각된다.

+ **나가사끼자리돔**(*Pomacentrus nagasakiensis*)

일본 나가사끼 지역에서 처음 발견되었다 하여 붙여진 이름이다. 몸은 전체적으로 아름다운 군청색이며 크기가 8~10센티미터인 작은 물고기이다. 제주도에서는 문섬 새끼섬의 북쪽 연안 수심 15미터의 암반, 자갈 바닥 부근에서 늘 확인되는 종으로, 1990년대에 처음 채집되어 학계에 보고되었다. 독도에서는 발견된 적이 없고 2009년 울릉도 연안에서 사진 속 어린 물고기가 발견된 것이 전부이다.

▶▶ 세줄가는 돔_ 밤에 방문한 독도 혹돔굴에서 만난 무리들

▶▶ 나가사끼자리돔_ 울릉도 연안에서 어린 물고기가 포착되었다.

# 우리가 지켜야 할
# 희귀 생물과 멸종위기생물들

울릉도, 독도의 바닷속 생태계 연구는 지금도 여전히 진행 중이다. 현재 갖고 있는 자료가 완전한 것은 아니지만 이 지역 바다만의 독특한 특성을 확인하는 데는 큰 어려움이 없다. 지금까지의 조사에서는 일 년 내내 감태와 대황 숲이 무성하고 여름철이면 동갈돔류, 파랑돔 등과 이름을 모르는 열대 어종들이 출현하는 것으로 밝혀진 울릉도와 독도의 바다는 동해 연안의 생태와는 다른 개성이 있어 그 자체만으로도 충분히 가치를 인정받는다.

바닷속이면 어디든 해조 숲이 끝없이 펼쳐질 것 같지만 실은 일정한 깊이에서만 볼 수 있다는 한계가 있다. 스쿠버다이버들이 들어가는 수심 30미터까지는 대부분 해조 숲이 펼쳐져 있어서 수중 숲 산책을 충분히 즐길 수 있다. 울릉도, 독도 연안에 번성한 대황 숲은 우리나라에서는 유일하게 이 지역에서만 볼 수 있다. 희귀함에 더해 감태와 어울려 주변에 서식하는 생물들에게 좋은 쉼터를 제공할 뿐만 아니라 대황 숲 자체가 아름다운 수중 풍경을 만들어 울릉도, 독도 바다를 명소로 만드는 데 한몫한다.

대황과 함께 울릉도와 독도의 바닷속을 멋진 풍경으로 만들어 주는 해조류로는 감태도 있다. 쓰시마 난류의 영향을 받는 해역에 무성한 숲을 이룬다.

울릉도, 독도 연안에 사는 산호는 보호 대상종이다. 그중에서도 해송류는 국가 지정 보호 동물에 포함되어 있어서 더욱 큰 관심을 끈다. 울릉도와 독도에서는 개체를 많이 볼

수는 없지만, 죽도의 군락지와 독도에서 발견되는 몇몇 개체가 이곳의 생태를 이해하고 그 변화를 알아보는 중요한 지표 생물이 된다.

예전에는 울릉도, 독도 바다에 살았지만 무분별한 남획으로 지금은 멸종된 바다사자의 사례를 거울삼아 더 늦기 전에 지키고 보호해야 할 생물 종과 해역을 선별하는 등 장기적인 보존 프로그램을 실행해 나가야 할 것이다.

▶▶ 울릉도 연안에서는 원인을 알 수는 없으나 엽체가 사라지고 줄기만 남은 대황과 감태의 모습을 종종 볼 수 있다.

ⓒ 김지현

# 05
## 절제된 개발과 이용
## 그리고 생태 보존 프로그램

▶▶ 울릉도 현포항에는 수심 1500미터에서 끌어올리는 심층수 파이프가 설치되어 있다.

울릉도와 독도에 대한 조사를 진행하면서 느낀 문제점이나 우리가 좀 더 노력해야 할 분야에 대한 생각들을 정리하다 보면 울릉도와 독도 역시 우리나라의 다른 섬이 안고 있는 문제점을 공통적으로 가지고 있음을 알 수 있다. 어디든 자연의 건강성이 잘 보전되려면 인간의 간섭을 최소화해야 하는 것이 과제이다. 최근 연안의 건강한 생태 보전을 위협하는 갯녹음 현상, 수온 상승에 따른 생태 변화, 무절제한 개발에 의한 생태 교란, 환경 오염 등의 문제가 울릉도나 독도라고 예외일 수는 없었다. 예를 들어 연안 황폐화의 대표적 현상이라 할 수 있는 갯녹음이 독도에서도 나타나고 있다. 갯녹음 현상은 연안에서 해조류가 사라지는 대신 주성분이 탄산칼슘으로 이용 가치가 없는 무절석회조류가 달

▶▶ 독도의 물개바위 앞에 나타난 갯녹음 현상

▶▶ 해조 숲이 사라진 울릉도 연안 바위 위에 유독 성게만이 뚜렷하게 보인다.

라붙어 암반 지역이 하얗게 변하는 것을 말한다. 1960년대에 독도를 조사했던 선배 학자들도 이미 갯녹음 현상<sup>백화현상</sup>이 나타나고 있다고 기록한 바 있다. 아직 원인은 정확히 규명하지 못했지만, 장기적인 연구와 과학적 기록을 바탕으로 그 원인과 대책을 고민해야 한다. 섣부른 결론이나 단기적이고 즉시적인 대책으로 상황을 모면하다 보면 또 다른 문제를 불러올 수도 있다.

최근 동해의 표층 바닷물 온도가 상승하고 있다는 것은 이미 누구나 알고 있는 사실이다. 따라서 바닷물의 수온 상승이 연안 생태에 어떠한 변화를 일으

키는지에 대한 정밀한 조사와 자료가 필요하다. 이를 바탕으로 장기적인 분석과 예측은 필요하겠지만, 자연 현상을 단순화시켜 설부르게 판단하거나 쉽게 조치를 취하는 것은 피해야 한다. 참고로 동해의 수온은 지난 100년 사이에 약 0.8도가 상승하였다고 한다.

독도에 대한 세간의 관심이 높아지면서 동도에는 접안 시설, 서도에는 어민 숙소 조성과 같은 토목 공사들이 진행되고 있다. 이러한 토목 공사들이 독도 연안 생태에 어떤 영향을 끼치고, 어떠한 변화를 가져오는지도 세심히 살펴야 한다. 특히 앞으로 관측 타워, 접안 시설의 확장과 같은 공사를 추진할 때는 현재의 생태 조사 결과를 바탕으로 정밀한 분석과 더불어 연안 생태, 자원에 미치는 영향을 최소화하려는 노력이 뒤따라야 할 것이다.

▶▶ 서도에서 바라본 동도의 접안 시설

▶▶ 관광객이 오르내리는 동도의 접안 시설과 같은 콘크리트 구조물은 공사할 때는 물론 그 이후에도 연안 생태를 교란시킬 수 있다.

해양생물의 자원량도 살펴볼 필요가 있다. 1990년대에 실시한 독도 연안에 대한 조사에서는 비교적 수산 자원이 풍부한 것으로 확인되었다. 그러나 2000년대 후반에 독도의 대표적인 무척추 수산 동물이라 할 수 있는 돌기해삼과 소라의 양이 갑자기 크게 줄어든 것으로 나타났다. 한꺼번에 많은 양을 잡았기 때문이었다. 황금어장이라 불리던 이곳의 자원을 유지하기 위해서는 적절하고 적극적인 보존 대책이 세워져야 할 때라는 것을 보여 주는 좋은 사례이다. 육지에서 멀리 떨어져 있어 사람의 간섭을 덜 받기 때문에 환경과 생물 종 보호가 쉬울 것이라 여겼던 이곳도 예외일 수 없었던 것이다. 울릉도, 독도 바다 밑의 물속 생물에게도 가장 무서운 천적이 사람이라는 사실이 놀라울 뿐이다.

# 인간의
# 활동 영향

사람이 밀집해 사는 곳은 바닷가이든 아니든 늘 오염 문제가 따른다. 육지에서 멀리 떨어져 동해 한가운데 있고 사람들이 모여 사는 마을도 없어 오염을 걱정하지 않았던 독도도 오염을 피해갈 수는 없었다. 독도 연안에서 벌어지는 어업 활동으로 폐그물 같은 어구와 생활 쓰레기가 마구잡이로 버려지고, 사람들을 위한 크고 작은 토목 공사들이 진행되면서 독도 연안도 오염을 걱정해야 하는 곳이 되었다. 반복해 강조하는 것이지만 울릉도와 독도 연안은 잘 보존된 동해의 생태 거점으로서 그 가치가 높다. 이곳만의 원시적이고 독특한 생태 환경을 비교적 잘 유지하고 있어서 동해의 생태 변화를 과학적으로 관찰하기에 적당하기 때문이다. 이런 곳이 오염되어 환경이 파괴되는 일이 없으려면 인간 활동이 연안 생태에 미치는 영향과 자원 변화 등에 대하여 면밀한 연구가 이루어져야 함은 물론이고, 그 영향이 심각한 수준이라면 대책도 수립해야 할 것이다.

▶▶ 독도 연안 수중에 방치된 폐그물과 통발 같은 바다 쓰레기를 보면서 고민하는 필자 명정구

# 생태 관광

사람들의 여가 시간이 늘고 해양 레저에 대한 관심과 수준이 높아지면서 수중 세계를 감상하는 스쿠버다이빙을 즐기는 인구도 늘고 있다. 지금까지 남해와 동해, 제주도에서 집중적으로 활동하던 다이버들이 울릉도와 독도 해역으로 시선을 넓히고 있다. 동해 멀리 외떨어진 섬이라는 지형적 특징과 더불어 난류와 한류가 교차하여 다른 곳에서는 볼 수 없는 독특한 생태를 보여 줄 뿐만 아니라 국토 분쟁으로 국민들의 관심마저 고조되고 있어 이래저래 울릉도, 독도 연안으로 사람들이 모여들고 있다. 이러한 분위기를 살려 이곳에서 수중 생태 관광을 활성화해볼 만하다고 생각된다. 이 해역만이 가진 대황과 감태 숲, 다양한 생물이 모여 연출하는 아름다운 수중 풍경 등 개성 넘치는 해양 생태 환경을 활용한다면 충분한 가치가 있다고 본다.

이미 오래전부터 미국, 호주, 말레이시아 등은 수중 생태 관광Eco-tourism을 활성화해 왔다. 이들 국가에서는 연안 생태 관광과 함께 해양 보전 지역이나 해양 국립공원 등을 지정하여 종 다양성을 보존하는 한편 특정 멸종위기종들도 관리하고 있다. 바다 환경과 생물 종이 우리 바다와는 다른

▶▶ 수중 생태 관광_ 호주 케언즈의 코드홀에서는 사람만 한 포테이토 그루퍼와 관광객이 교감을 나눈다.

호주와 말레이시아에서는 나폴레옹 피시나 상어 같은 생물 종과 사람들이 친해질 수 있도록 프로그램화되어 있다. 우리와 환경이 유사한 일본에서도 독도와 위도가 거의 같은 니가타新潟의 사도 섬이 생태 관광으로 유명하다. 이곳은 혹돔과 인간의 교류가 생태 관광의 주요 상품이다.

사도 섬은 겨울철의 최저 수온이 섭씨 8~9도로 내려가지만 난류를 따라 자리돔이 일 년 내내 살고 있는 곳이다. 이곳의 기후는 우리나라 남해의 섬 지방과 비슷한데 겨울에 도루묵, 연어, 대구가 잡힌다는 점에서는 동해안의 겨울과도 비슷하다. 이 섬에서 혹돔과 만나는 곳은 섬 연안에서 가까운 수심 23미터 지점의 넓적한 암반이다. 현지의 다이버와 23년간 친분을 쌓은 혹돔은 사람들이 작은 방석고둥을 주면 다가와서 직접 받아먹는다. 혹돔은 수산 어종으로서 가치는 낮지만 큰 덩치와 이마의 혹이 사람의 눈길을 끌기에는 충분하다. 지구 상에서 험상궂게 생긴 혹돔이 사람과 가까이 지내는 모습을 볼 수 있는 유일한 곳이기 때문에 사도 섬은 생태 관광지로서의 명성이 높아졌다. 이곳의 생태 관광 성공 뒤에는 지역 주민들의 적극적인 도움이 있었다. 혹돔 마을이라고도 불리는 이곳의 어민들은 혹돔이 있는 주변에서는 혹돔은 물론 다른 물고기도 절대 잡지 않아 혹돔만이 아니라 다른 해양생물들도 사람과 친해질 수 있게 했다고 한다. 덕분에 해양생물과 인간이 교류하는 몇 안 되는 생태 관광지가 될 수 있었다.

사도 섬과 미국, 호주, 말레이시아 등지에서 진행하는 수중 생태 관광 사업을 본보기로 울릉도, 독도 연안에 우리 자연의 특성을 살린 생태 공원을 조성하는 것도 연구해 볼 만한 일이다.

▶▶ 말레이시아 랑카위 해양공원에서 상어와 함께 수영을 즐기는 관광객들

▶▶ 일본 사도 섬의 혹돔 마을에서 다이버가 수중에서 혹돔과 교감하고 있다.

# 울릉도, 독도
# 바다의 지킴이

사람의 발길이 닿기 전 독도는 수많은 바다생물과 '강치'라는 바다사자들이 주인이었을 것이다. 그러나 항해 기술의 발달로 사람들의 활동 반경이 넓어지고 주변 해역에 수산 자원이 풍부해 어민들의 출입이 점차 늘어나더니 지금은 상주하는 사람들도 생겨났다. 독도를 지키는 경찰대원들과 독도로 주거를 옮긴 부부가 살고 있으며, 실제로 거주하지는 않지만 주민등록을 이곳으로 옮겨 놓은 사람들까지 헤아리면 꽤 많은 사람이 독도 주민이다.

온전히 그들끼리 지낼 때보다는 덜하겠지만 독도의 거친 자연환경에 순응하며 이곳에 터를 잡고 살아가는 동물과 식물, 연안의 바닷속에서 만나는 혹돔이나 볼락 같은 물고기, 다양한 무척추동물들도 이곳 독도의 주인이자 주민이다.

독도 연안에서 사라진 바다사자가 다시 돌아오기를 기다리는 해양생물의 바람이 들리는 듯하다. 환경 파괴가 해양생물의 생존을 위협한다는 사실은 누구나 알고 있다. 인간에 의한 어처구니없는 환경 파괴로 독도의 주인들이 더 이상 독도를 떠나는 일이 일어나지 않도록 이곳의 자연을 보호하고 지키는 것은 이제 독도만의 문제가 아니라 우리 모두가 책임져야 할 일이다.

+ **탐사대**

울릉도, 독도의 바닷속 생태계는 우리나라에서 유일하게 볼 수 있는 대황 숲과 미역 등이 울창한 갈조류 숲 같이 이 지역만의 독보적인 수중 경관과 해양생물들의 서식 환경을 갖고 있다. 우리 연구자들은 매년 독도 연안의 생태계를 정밀하게 조사하고 있다. 독도의 환경

▶▶ 수중 탐사

1 건조된 지 30년이 넘은 탐사선 탐해호가 조사 해역으로 들어가고 있다. 2 탐사를 나서기 전 장비를 점검하는 대원들로, 수심이 깊은 곳을 탐사해야 하는 팀은 준비할 장비가 많다. 3 입수를 하는 탐사대원들 4 야간 조사는 반드시 짝을 이루어 다이빙을 하고 서로 보살펴 주지만 자신의 안전은 각자 책임져야 한다. 5 독도의 깊은 바닷 속에서 열심히 사진을 촬영하고 있는 탐사대원 6 깊은 바다를 탐사한 탐사대원들이 배로 복귀하고 있다. 7 채집 생물 정리_ 독도 수중에서 채집한 살파를 관찰 중인 대원들 – 수중 탐사할 때 채집한 생물들 – 해양 신물질 탐사를 위해 채집한 해면류 8 탐사를 마치면 세미나와 보고회를 열어 자료를 정리한다.

변화는 물론 기후 변화에 따라 동해의 환경과 자원에 어떠한 변화가 일어나는지를 연구하는 데 귀중한 자료를 쌓아가는 과정으로 매우 가치 있는 일이기 때문이다. 지난 15년 동안 독도 연안의 수중에 대한 자료를 꾸준히 쌓아온 것에 비해 상대적으로 울릉도의 자료는 그다지 많지 않다. 많은 노력이 독도에 집중된 때문인데, 최근 독도를 연구, 조사하던 팀들이 그동안 상대적으로 조사 기회가 적었던 울릉도 연안으로 조사 범위를 넓히고 있다. 울릉도와 독도는 인접해 있는 형제 섬으로 지형과 생물의 구성이 비슷하다고는 하지만, 차이 또한 분명하다. 따라서 앞으로도 지속적이고 균형 있는 조사 활동이 이루어져야 할 것이다.

우선은 울릉도, 독도 연안과 동해, 남해, 제주도 연안의 생태를 비교할 수 있도록 표준화된 조사 방법에 의한 '생태지도' 작성이 필요하다. 지난 십여 년 이상 꾸준히 실시해 온 연안 생태 조사 방법을 한 단계 발전시켜 조사 정점에서 입수 지점을 정확하게 고정시키고 잠수 조사의 루트를 기

록하게 하여 연구자마다 동일하게 생태를 조사할 수 있도록 하는 표준 수중 조사 방법을 도입해서 정점별 '생태 지도'를 작성함으로써 해양 생태의 변화를 정량적으로 비교 분석할 수 있는 과학적 자료를 만드는 것이다. 왜냐하면 울릉도, 독도 연안은 남쪽에서 올라오는 난류의 영향을 많이 받는 곳으로, 그 근원이라 할 수 있는 남해와 제주 연안의 생태와 비교 분석할 수 있는 자료가 필요할 뿐만 아니라 이를 바탕으로 동해의 환경 변화를 연구하고 예측하는 자료로도 활용할 수 있기 때문이다.

울릉도, 독도에서 활동하는 전문가로는 한국해양과학기술원 소속 연구원들을 비롯하여 지금까지 조사에 참여한 전국의 각 대학 교수, 한국수중과학회 소속 전문가들, 이들과 함께 활동하는 수중 영상 및 사진 전문가들, 그리고 수산자원을 중심으로 생태 조사를 해 온 국립수산과학원의 전문가 그룹을 꼽을 수 있다. 자연을 대상으로 하는 광범위한 조사 활동은 특정 단체나 소수의 전문가만으로는 진행할 수 없는 힘든 과제이다. 특히 수중 생태 조사는 스쿠버다이빙 특성상 개인의 잠수 능력, 하루에 가능한 잠수 시간, 날씨로 인한 조사 일정 제한 등으로 과학적 자료를 축적하기가 쉽지 않다. 이렇게 어렵고 힘든 과정을 거치며 쌓아온 자료가 체계적이고 과학적인 자료로 활용될 수 있도록 정리하고 분석하는 일 또한 조사를 마무리하는 과정에선 중요하다. 훌륭한 자료로 이용될 수 있어야 그동안 함께한 모든 이들의 수고가 헛된 고생이 아니었음을 증명하는 길이기 때문이다. 이제 앞선 연구자와 전문가들이 물려준 자료와 지금의 우리가 모은 자료들을 하나씩 꿰고 엮어 울릉도와 독도에 대해 좀 더 자세히 알아가면서 이곳의 수중 세계를 보호하는 일은 우리에게 남겨진 과제이다.